CONTES

AUX

JEUNES AGRONOMES.

COULOMMIERS. — IMPRIMERIE DE BRODARD.

Dessiné et Gravé par Montaut

Avançons ! dit Théodore.

LES VENDANGES

OUVRAGE

à l'usage de la Jeunesse

PUBLIÉ

par Mlle. S. U. Tremadeure.

Dessiné et Gravé par Montaut

Paris,

Didier, Libraire,

Quai des Augustins, N.° 49.

LES VENDANGES,

OUVRAGE AMUSANT ET MORAL,

A L'USAGE DE LA JEUNESSE,

PAR Mlle S. ULLIAC TREMADEURE.

PARIS.

DIDIER, LIBRAIRE,
quai des Augustins, n° 47.

1834.

LA FAMILLE
DE VILLEBLANCHE,
OU
LES VENDANGES.

CHAPITRE PREMIER.

LA RENCONTRE.

«Mon Dieu, Théodore, dit le jeune Paul en s'arrêtant tout-à-coup, qu'est-ce que je vois là-bas?» Et il désignait de la main une masse noire au pied d'un buisson, à droite du sentier que tous les deux suivaient pour revenir à la maison.

— Est-ce que tu as peur? » de-

mande Théodore, retenu par son frère moins âgé que lui de quatre ans. Théodore en avait douze et se croyait un homme.

« Je n'ai pas peur, répondit Paul, mais pourtant, avant d'aller plus loin, nous ferions bien de tâcher de découvrir d'ici ce que c'est que cela.

— La chose n'est pas facile ! » répondit Théodore, et il avait raison. On était à la fin du mois de septembre ; il pouvait être près de cinq heures du soir ; à cette heure-là il fait presque nuit en automne, surtout lorsque le jour ayant été sombre, les vapeurs humides de la terre s'exhalent de son sein en un brouillard quelquefois assez épais.

« Avançons, dit Théodore ennuyé d'examiner de loin cette masse noire qui semblait tout-à-fait immobile.

— Oh! non, mon frère, je t'en prie! s'écrie Paul. C'est peut-être un loup....... Il va se jeter sur nous!

— Il ne m'a pas l'air d'y songer le moins du monde, reprit Théodore. Viens, Paul, et ne fais pas l'enfant comme cela.

— Je ne bouge pas d'ici, repartit Paul, avant de savoir ce que c'est.

— Mais pour le savoir, il faut nous approcher.

— Eh! bien, vas y tout seul, si cela t'amuse.

— A merveille, brave Paul! Mon père serait content s'il voyait tant d'intrépidité dans celui qui veut devenir militaire ! Reste là, puisque tu as peur. Je vais voir, moi, ce que c'est que cet animal, ce je ne sais quoi.

— Théodore, allons-nous en plutôt par le petit chemin derrière le clos.

— Oui! c'est le plus long, et nous aurions beau courir, nous n'arriverions par-là qu'à la nuit !.. Reste, te dis-je.

— Mon frère, ne va pas.... ne me laisse pas seul !

— Viens avec moi...

— Oh ! non, non....

— Comme tu voudras! » et

sans l'écouter davantage, Théodore s'avança vers la masse noire.

Paul, retenu par la peur à la place où il se trouvait, suivait des yeux son frère; ses larmes étaient prêtes à couler. Il se reprochait de ne l'avoir pas accompagné ; de l'avoir laissé s'exposer seul à quelque grand danger peut-être... et il le regardait s'éloigner, partagé entre la crainte de voir la masse noire se transformer en un loup dévorant qui se jetterait sur Théodore d'abord, ensuite sur lui, et entre le remords et la honte qu'il ressentait de son peu de courage.

La brume s'épaississait cependant, et Paul ne pouvait qu'à peine distinguer, à travers le brouillard, son frère arrêté devant le buisson : quant à la masse noire, ou elle avait disparu, ou elle avait changé de forme, car Paul ne voyait plus rien. Prêtant attentivement l'oreille, il crut entendre, au milieu du silence qui régnait dans toute la campagne, la voix de Théodore parlant d'un ton plus élevé que de coutume, mais pourtant avec assez de calme. Paul alors se hasarde à faire quelques pas, toujours en tendant le cou et en avançant la tête pour écouter, et lorsqu'enfin il ne put douter que son frère ne fût en conversation avec quelqu'un, et que ce quelqu'un, à en juger par le son de sa voix, n'était nullement redoutable, Paul reprenant toute son assurance, marcha résolument vers Théodore qu'il rejoignit au moment où un enfant, debout auprès du buisson et dont il était impossible de distinguer les traits, disait avec douceur et timidité : « Monsieur, je vous remercie, vous êtes trop bon... mais je n'oserai jamais!

— Pourquoi cela? reprit Théodore. Bon-papa, vous recevra bien, vous pouvez en être sûr.

— Ah! Monsieur, s'il faisait plus clair, vous verriez bien pourquoi je n'ose pas me présenter!... Monsieur, je suis venu en ce canton pour chercher de l'ouvrage..... pour demander à être employé aux vendanges.....

— Eh! bien, mais c'est demain que nous commençons les nôtres au clos de Rosoi.

— Je le sais, Monsieur..... et, s'il faut le dire, c'est là que je voulais aller, parce que tout le monde assure que M. de Villeblanche est la bonté même....

— C'est le nom de bon-papa, dit Paul, qui venait de passer son bras sous celui de son frère.

— Qu'est-ce qui vous a fait changer d'avis? demanda Théodore.

— Monsieur, répondit le jeune inconnu après avoir hésité un peu, je suis si malheureux.. si mal vêtu.. je vous remercie bien de toutes vos bontés. Je vais passer la nuit ici, et demain je retournerai auprès de mon oncle...

— Comment, dit Paul, vous voulez coucher là, au pied de ce buisson?

— C'est ce que nous ne souffrirons pas! s'écria vivement Théodore. Venez avec nous; je vous donnerai un de mes habits, tout ce qu'il vous faudra, et alors nous vous présenterons à bon-papa.

— Ah! Monsieur, je n'accepterai rien, rien du tout, à l'insu de vos parens!

— Mais je ne veux rien faire non plus à l'insu de maman ni de mon père. Venez seulement.»

Le pauvre enfant hésitait encore; il dut céder enfin aux instances de

Théodore et de son frère, et tous trois continuèrent leur route vers une maison placée agréablement à mi-côte et à quelque distance du village. Chemin faisant, le petit malheureux apprit à ses conducteurs qu'il se nommait Eugène de Montrol; qu'il n'avait plus d'autre parent qu'un oncle de son père; que cet oncle était fort âgé et hors d'état de travailler, et que, pour lui, il avait un grand désir de devenir l'appui, le soutien de son vieil oncle: mais jusqu'à ce jour il avait cherché inutilement à s'occuper; partout sa misère et son jeune âge l'avaient fait repousser, et souvent avec dureté.

Quel âge avez-vous donc, Eugène ? demanda Théodore.

— Douze ans, Monsieur.

— C'est comme moi, j'ai douze ans aussi. Je suis sûr que vous savez lire, écrire, compter; car vous ne parlez pas du tout comme quelqu'un qui n'a point reçu d'éducation.

—J'ai reçu, Monsieur, un peu d'instruction; toute celle que mon oncle a pu me donner.»

Théodore avait envie de faire encore bien des questions; mais la crainte d'affliger Eugène, qui lui semblait être au-dessus du commun et appartenir à une famille qui avait connu des jours plus prospères, l'empêcha de chercher à satisfaire sa curiosité.

Eugène, malgré toutes les prières des deux frères, ne voulut point entrer dans la cour de la maison avant qu'ils n'en eussent obtenu pour lui la permission de leurs parens ; mais il promit de rester sur le banc auprès de la porte et d'y attendre leur retour.

Théodore, suivi de Paul, courut vite au salon. Leur grand-maman s'y trouvait seule avec leur sœur Émilie. Théodore raconta à la hâte la rencontre que son frère et lui avaient faite, sans dire un seul mot qui pût faire deviner que Paul ayant eu peur, l'avait laissé aller seul au-devant du prétendu loup.

« Bonne-maman, ajouta-t-il, Eugène, je vous assure, est bien intéressant. Il parle de son oncle avec une tendresse, avec un respect !......... Eh ! puis il s'exprime comme un jeune homme bien élevé....... Il n'a jamais voulu rien accepter de tout ce que nous lui offrions, disant qu'il fallait auparavant savoir si cela conviendrait à nos parens.

— Allez vite, mes enfans, dit Mme de Villeblanche, allez lui porter du linge et des habits..... ou plutôt conduisez-le dans la petite salle de bain, et là aidez-le à s'habiller de manière à ce que le pauvre enfant puisse se montrer sans rougir ; tâchez de faire en sorte qu'il ne soit pas vu, dans sa misère, par les domestiques.»

Théodore, enchanté, embrassa vivement sa bonne-maman, pour la remercier de sa bonté, et accompagné de Paul, il courut à sa chambre pour y prendre tout ce qui était nécessaire à la toilette complète du pauvre Eugène.

« Va le chercher, dit-il à son frère ; conduis-le à la salle de bain ; j'irai tout à l'heure vous y rejoindre avec de la lumière. » Et Paul obéit avec empressement.

CHAPITRE II.

LES BONS CŒURS.

Depuis l'enfance, Théodore était accoutumé à faire le bien, et à le faire avec discernement et délicatesse, car les leçons et les exemples de ses bons parens avaient porté des fruits. Au lieu donc de choisir ses plus beaux habits, il en prit de très propres, mais de très simples, et, son petit paquet sous le bras, il se hâta de rejoindre dans la salle de bain Eugène et son frère Paul, qui l'y attendaient tous les deux dans l'obscurité. Après avoir fermé soigneusement la porte, Théodore posa la lumière sur une table; alors il put voir pour la première fois les traits de son protégé. La figure d'Eugène était d'une pâleur et d'une maigreur qui attestaient assez qu'il avait essuyé de longues souffrances et enduré bien des privations; mais elle avait une expression de finesse et de douceur à-la-fois, faite pour inspirer l'intérêt et l'affection. Rien ne saurait peindre le délabrement des vêtemens qui le couvraient à peine ; mais ses cheveux, sa figure, ses mains annonçaient en lui l'habitude de l'ordre et de la propreté.

En rougissant beaucoup; Eugène s'informa si c'était du consentement de M. de Villeblanche que Théodore lui apportait d'aussi beaux habits.

« C'est bonne-maman qui le lui a dit, répondit Paul avec vivacité. Bon-papa est allé avec mon père et maman, faire une visite dans les environs. Ils ne reviendront tous les trois que demain.

— Habillez-vous, vite ajouta Théodore, car bonne-maman a bien envie de vous voir; Émilie aussi. »

Eugène obéit sans se faire prier davantage; mais, sur sa figure expressive, se peignaient l'embarras, la peine qu'il éprouvait d'accepter des bienfaits offerts cependant avec ménagement. S'il est doux de donner, il est bien pénible de recevoir, et sans l'insistance de Théodore, sans ses prières réitérées, Eugène n'aurait jamais pu se décider à l'accompagner chez M. de Villeblanche.

Quand la toilette fut achevée, Théodore passa sous son bras le bras de son protégé, Paul s'empara de l'autre main, et tous deux le conduisirent en triomphe au salon.

En entrant, Eugène salua avec timidité, mais sans gaucherie.

« Approchez-vous, mon enfant, dit Mme de Villeblanche du ton de la bonté. Théodore m'a appris que vous êtes venu en ce canton pour chercher de l'occupation; nous vous en trouverons, je l'espère... Mais, avant tout, il faut faire une petite collation en attendant le souper. Venez dans la salle à manger. »

Eugène suivit Mme de Villeblanche, qui fit apporter des viandes froides, du fruit, des confitures, du pain blanc et de bon vin; puis elle renvoya les domestiques, et servit elle-même les quatre enfans qui s'étaient assis autour de la table.

« Mangez donc, mon ami, dit-elle à Eugène, qui tenait la tête baissée d'un air confus.

— Je ne peux pas manger...... je n'ai pas faim, Madame, répondit-il d'une voix altérée, et il fondit en larmes.

— Qu'avez-vous ? » s'écrièrent à-la-fois la bonne-maman et les enfans. Mais Eugène continuait de pleurer en silence; enfin, touché de tous les témoignages d'amitié qu'il recevait, il dit avec effort : « En voyant un aussi beau souper..... j'ai pensé tout de suite à mon pauvre oncle!.... Hélas! mon Dieu!... en ce moment il n'a peut-être pas même un peu de pain!...

— Pauvre Eugène! s'écria Mme de Villeblanche vivement émue. Demeure-t-il loin, votre oncle? ne pourrait-on pas envoyer chez lui...?

— Oh! non, Madame... il demeure à plus de dix lieues d'ici!

— Et comment l'avez-vous quitté? comment êtes-vous venu seul si loin?

— Hélas! Madame, il le fallait bien. Mon oncle est infirme; mais moi je suis en état de travailler. Voici le temps des vendanges. Je me suis mis en chemin en me disant que, peut-être, quelqu'un voudrait bien m'employer. Partout, sur la route, je voulais demander de l'ouvrage... mais.. j'étais si mal vêtu!.. Ceux à qui j'ai osé m'adresser m'ont traité bien durement... J'étais découragé, et j'allais m'en retourner, lorsqu'hier j'ai entendu dire que chez M. de Villeblanche, le plus riche propriétaire de l'endroit, on ne refusait personne...

— C'est la vérité, s'écria Théodore vivement. Et pourtant, bonne-maman, il se serait en allé sans se présenter ici, si nous ne l'avions pas rencontré.»

Eugène baissa de nouveau la tête, mais la relevant presqu'aussitôt, il dit encore : « Dieu sait, Madame, que je ne suis pas un orgueilleux!.. Mais c'est si humiliant de s'entendre appeler mendiant! Je ne mendie pourtant pas... Non, Madame, je ne demande que du travail afin de pouvoir gagner quelque chose pour mon oncle...

— Vous êtes un excellent enfant ! » reprit Mme de Villeblanche, de plus en plus satisfaite des bons sentimens que montrait Eugène, de la façon dont il s'exprimait et de ses manières, qui annonçaient un enfant bien élevé. « Mais, mon cher Eugène, pour travailler, il faut prendre des forces. Faites donc honneur à notre collation.

— Ah! Madame, je n'ai ni faim ni soif, quand je pense que mon pauvre oncle ira peut-être se coucher sans souper!...

— Je conçois cela, et j'approuve votre sensibilité aux cruelles privations de votre oncle; mais dès demain, soyez en sûr, mon mari saura le mettre à l'abri d'en éprouver désormais de semblables. Pour m'obliger, mangez quelque chose. Mes enfans vont vous donner l'exemple. »

Tant de bonté touchait Eugène plus qu'il ne pouvait l'exprimer. Le pauvre enfant était tout-à-fait à jeun depuis la veille au matin : mais, comme il venait de le dire, en pensant à son oncle il n'avait plus ni faim ni soif; cependant il fallut prendre d'abord un peu de vin, puis accepter ce que Mme de Villeblanche mettait sur son assiette, et céder enfin à l'appétit qui se faisait sentir en dépit du chagrin.

« Votre oncle est-il âgé ? demanda Mme de Villeblanche.

— Non, Madame répondit Eugène; il n'a je crois que soixante ans; mais on lui en donnerait bien davantage à cause de ses infirmités. Il a servi.

— Ah ! votre oncle a été militaire ?

— Oui, Madame, et mon père aussi. Mais j'étais tout petit, tout petit, quand j'ai perdu mon père et ma mère; alors mon oncle et ma tante m'ont recueilli.

— Et votre tante, mon enfant ?

— Ma tante, Madame, est morte il y a deux ans, après avoir été trois ans malade ; et c'est là ce qui a achevé de nous ruiner : car mon oncle n'a rien épargné pour sa guérison. Elle avait deux médecins, une garde, tout ce qu'il lui fallait... Oh ! qu'elle était bonne, Madame ! comme elle m'aimait ! » Et Eugène se remit à pleurer ; puis il ajouta après un moment de silence : « Mon pauvre oncle dit quelquefois : « Dieu soit loué de ce que j'ai pu faire pour ma pauvre femme tout ce qu'exigeait son état! C'est pour moi, dans ma misère, une grande consolation que de pouvoir me dire : rien n'a été épargné!» « Mais tout cela, Madame, n'a pu nous conserver ma bonne tante, et depuis qu'elle est morte, mon oncle est si abattu, si souffrant, qu'il ne peut travailler. Et puis la grêle est venu ravager notre petit jardin. Cette année rien ne nous a réussi; tout a été perdu, excepté notre récolte de pomme de terre... Mais c'est si peu de chose ! et l'hiver est si rude, il est si long !..... Alors mon oncle m'a dit : « Va dans les environs chercher à t'occuper pendant les vendanges ; » et je me suis mis en route, bien à regret pourtant, en songeant que je le laissais seul.... et sans rien du tout dans la maison. »

Ce récit était fait avec l'accent de la candeur, et la figure, le regard d'Eugène avaient l'expression de la franchise. Madame de Villeblanche ne doutait pas du tout de sa véracité ; cependant elle crut devoir, lorsqu'Eugène eût été conduit à la chambre qu'il allait occuper, recommander la réserve et la prudence à ses enfans, jusqu'à ce qu'on sût bien positivement à quoi s'en tenir sur ce jeune infortuné, et elle se fit raconter encore une fois par Théodore comment avait eu lieu la rencontre. Paul alors, avec une franchise digne d'éloge, dit à sa bonne maman, qui louait la bonté de son cœur, que Théodore seul méritait des louanges; que sans Théodore le pauvre Eugène serait resté au pied du buisson où il avait cherché un abri, parce que lui Paul, ayant eu peur, avait voulu revenir à la maison par un autre chemin. Cet aveu valut à l'enfant les plus tendres caresses, et, à Théodore, des applaudissemens mérités pour son courage, pour sa fermeté, et pour sa discrétion sur les fautes de son frère. Mme de Villeblanche, en les embrassant tous les deux avec la plus tendre affection, leur dit :

« Mes enfans, soyez toujours ce que vous avez été jusqu'à présent, et vos parens seront toujours les plus heureux des parens! »

CHAPITRE III.

UNE DÉCOUVERTE.

Le lendemain de grand matin, la voiture de M. de Villeblanche entra dans la cour au moment où Thomas, ancien serviteur et homme de confiance de la famille, recevait les vendangeurs qui arrivaient avec des hottes et des paniers. M. de Villeblanche engagea son fils et sa brue, M. et Mme Alphonse, qu'on nommait ainsi afin de les distinguer de leurs parens, à le précéder dans la maison, et s'adressant aux ouvriers : « Bonjour, mes amis, dit-il avec affabilité. Nous commencerons un peu tard aujourd'hui ; c'est ma faute, et non la vôtre. Thomas, combien sont-ils ?

— Trente, Monsieur.

— C'est beaucoup... mais je ne vois ici que des hommes, et des hommes bien portans ; pourquoi cela ? N'avons-nous donc ni femmes, ni enfans, ni infirmes !

— Monsieur, ceux-ci sont arrivés des premiers.

— On les emploiera tous ; mais tu auras soin, Thomas, de donner de l'occupation aux infirmes, aux femmes, aux enfans qui viendront en demander, et surtout à ceux du village. Tu les placeras dans le bas du clos.

— Oui, Monsieur.

— Le peu qu'ils feront sera toujours fait. Allez, mes amis, je vous rejoindrai bientôt. »

Les vendangeurs s'éloignèrent ayant Thomas à leur tête, et M. de Villeblanche, au moment où il entrait sous le vestibule, se vit accueilli avec des exclamations de joie par ses petits-enfans. Tous, excepté Théodore, l'accompagnèrent au salon où étaient Mme de Villeblanche, son fils et sa brue.

Théodore n'avait quitté si promptement son bon-papa que pour aller chercher son protégé, le pauvre Eugène, qui ayant aperçu les vendangeurs dans la cour, disait, en le suivant avec timidité : « Votre bon-papa ne voudra pas m'employer. Tous les ouvriers que j'ai vus, sont des hommes faits, et moi je ne suis qu'un enfant.

— Soyez tranquille, répondait Théodore; il viendra des enfans comme nous, et mon bon-papa les emploiera, vous verrez. »

En disant ces mots, Théodore, tenant son protégé par la main, entra dans le salon; et s'avançant vers M. de Villeblanche, tandis qu'Eugène saluait tout le monde avec embarras, il dit, « Bon-papa, voici un jeune homme qui vient vous demander de lui donner de l'ouvrage pendant les vendanges.

— Ce jeune homme, répliqua M. de Villeblanche avec un sourire, pourrait bien passer pour un enfant. Quel âge avez-vous, mon petit ami?

— Douze ans, Monsieur.

— Que font vos parens?

— Je n'ai plus de parens, Monsieur; j'ai eu le malheur de les perdre lorsque je n'avais encore qu'un an.

— Qui a pris soin de vous?

— Un oncle de mon père, officier réformé?

— Officier réformé! quel était son grade?

— Major, Monsieur.

— Et comment se fait-il que le neveu d'un major se trouve dans la nécessité d'aller, si jeune, chercher du travail?

— Monsieur, comme mon oncle n'avait pas le nombre d'années de service voulu par les ordonnances, il n'a point obtenu de traitement de réforme.

— Vous n'êtes pas de ce village ?

— Non, Monsieur. Nous demeurons du côté de Bèze, à dix lieues d'ici.

—Et votre oncle vous a laissé faire seul un aussi long voyage ?

— Hélas ! Monsieur, il le fallait bien.

— Il me semble pourtant, reprit M. de Villeblanche en jetant un regard significatif sur les jolis vêtemens qui couvraient Eugène, que vous ne pouvez encore être réduit à la dure nécessité de vous présenter ainsi sans recommandation chez des étrangers.

— Bon-papa, s'écria Théodore que la prudence et les questions de M. de Villeblanche faisaient souffrir pour son protégé, nous vous expliquerons cela. »

A la vive rougeur qui couvrait les joues de Théodore, à l'air confus d'Eugène et au sourire de la bonne-maman, M. de Villeblanche devina la vérité. Il attira à lui son petit-fils, l'embrassa, et s'adressant à Eugène avec plus de bonté encore : « Mon ami, dit-il, nous vous emploierons... Allez, mes enfans, allez tous rejoindre Thomas et priez-le de vous donner votre tâche. Quand la cloche sonnera, vous reviendrez déjeuner. Travaillez comme il faut, et obéissez à Thomas comme à moi-même. »

Les enfans sortirent, emmenant avec eux le pauvre Eugène qui salua avant de quitter le salon.

Quand ils furent partis, M. de Villeblanche demanda à sa femme si elle savait le nom de cet enfant ; si Eugène lui avait raconté en détail son histoire ?

« Il se nomme Eugène de Montrol, répondit Mme de Villeblanche.

— De Montrol! répéta M. de Villeblanche avec surprise. Ne

te trompes-tu pas, ma chère amie ?

— Non, répliqua Mme de Villeblanche.

— De Montrol ! répéta une seconde fois son mari. J'ai eu un ami de jeunesse qui portait ce nom. Eugène serait-il de la même famille ?... C'est son fils peut-être !... Mais non... c'est impossible... cependant......» M. de Villeblanche ayant sonné, ordonna au domestique de faire venir à l'instant Théodore, et, au bout de quelques minutes, Théodore arriva en courant.

«Ecoute, mon fils, dit le bon-papa, je place Eugène sous ta protection spéciale. Aie soin qu'il n'éprouve de désagrément d'aucune espèce, et veille à ce qu'il ne travaille pas au-delà de ses forces.

— Oui, bon-papa; vous pouvez y compter.

— Ce n'est pas tout, reprit M. de Villeblanche ; tâche de le faire causer sur-lui-même, sur sa famille, et de savoir le nom de son oncle, dans quel régiment et à quelle époque cet oncle était au service, enfin le nom de l'endroit que tous deux habitent. Tu viendras me rendre compte de tout cela dans mon cabinet, après déjeuner.

—Bon-papa, repartit Théodore, je peux déjà vous dire que son oncle se nomme comme lui.

— De Montrol ?

— Oui, bon-papa, et qu'il était

major, avant la révolution, dans le huitième de dragons.

— C'est cela même ! s'écria M. de Villeblanche.

— Est-ce que vous le connaissez, bon-papa, ce M. de Montrol?

— Je l'ai beaucoup connu.

— Oh ! quel bonheur ! s'écria Théodore en sautant de joie.

— N'en dis rien à Eugène, jusqu'à ce que je te le permette, entends-tu?

— Je ne dirai rien, répondit Théodore en redevenant sérieux. Pourtant, bon-papa, cela lui ferait tant de plaisir !

— Et sais-tu au juste où demeure son oncle?

— Tout près de Bèze, en sortant

de la route de Dijon, dans une petite maison isolée.

— Il suffit. Sois discret, sois prudent, et fais en sorte, ainsi que ton frère, que votre nouvel ami se plaise au milieu de vous. »

Théodore s'en alla gaîment et bien disposé à obéir en tout point aux ordres de son bon-papa.

« C'est singulier! dit Mme de Villeblanche après qu'il fût parti : ce nom ne m'a pas frappée! à présent il me semble te l'avoir entendu quelquefois prononcer....

—Et moi aussi, dit M. Alphonse.

— Et moi aussi, dit à son tour Mme Alphonse.

— Il y a de l'écho ici! reprit en souriant M. de Villeblanche. Oui, j'ai été lié intimement avec de Montrol. Les événemens nous ont éloignés l'un de l'autre. Il a cru devoir suivre, à l'émigration, la famille de son souverain; moi j'ai cru devoir rester dans ma patrie. Comme fils de militaire, la fidélité, l'amour de son chef, lui ont paru être les premières vertus; comme fils de magistrat, et comme magistrat moi-même, j'ai cru sentir que si l'amour de mon souverain m'ordonnait une fidélité à toute épreuve, un renoncement sincère à des places, à des honneurs que je ne pouvais plus tenir de lui, les devoirs de citoyen, d'époux et de père, m'imposaient l'obligation de rester dans mon pays, déchiré par la guerre civile, pour y faire, dans l'obscurité, tout le bien que je pourrais, et pour conserver à mon fils le modeste patrimoine de ses ancêtres. Les hommes applaudiront peut-être à ce qu'ils nommeront mes *sages calculs*; car cette conduite, qui ne fut point inspirée par le *calcul*, mais par ce sentiment intérieur que nous portons en nous-mêmes, et qui nous éclaire sur nos devoirs, quand nous le consultons avec sincérité, a eu un résultat heureux; ils blâmeront, au contraire, de Montrol, d'avoir tout sacrifié à de *folles espérances*, tandis qu'il a tout sacrifié à ce qu'il regardait comme une obligation sacrée. Mais celui qui lit dans les cœurs est le seul juge auquel nous en appelons, l'un et l'autre, du jugement des hommes, toujours incertain et souvent injuste.

— Mon père, dit alors M. Alphonse, habitué comme je le suis à deviner vos intentions, je vous offre mes services. Permettez-moi de porter à M. de Montrol les secours prompts que sa position exige.

— Je te remercie, mon fils, répondit M. de Villeblanche. Je connais ta délicatesse ; mais cependant je crois devoir, dans cette circonstance, ne m'en fier qu'à moi-même. Envoie seulement à la poste voisine commander des chevaux ; et toi, ma chère fille, ajouta-t-il en s'adressant à sa bru, aie, je te prie, la complaisance de remplir toi-même un porte-manteau de linge, de vêtemens..... Personne ici ne doit rien savoir de ce qui s'est passé entre nos enfans et Eugène, ni de ce que je veux tenter de faire pour un ancien ami. Pendant que vous prendrez ces soins, votre mère et moi nous irons voir nos vendangeurs. »

CHAPITRE IV.

LES VENDANGEURS A L'OUVRAGE.

Les enfans, cependant, étaient arrivés dans la vigne où déjà Thomas avait distribué ses vendangeurs, et tout le monde chantait en chœur une chanson en patois bourguignon, que le vieux bonhomme, qui était un malin, venait de commencer d'une voix élevée, et pour cause. Thomas savait qu'en tout pays on ne peut chanter la bouche pleine, et c'était pour empêcher les gourmands de se la remplir de raisin, qu'il obligeait son monde de faire *chorus* avec lui. Comme il avait l'oreille fine, le vieux Thomas, dès qu'il s'apercevait que quelques voix cessaient de se faire entendre, il criait aussitôt, en s'interrompant brusquement : « Celui qui ne sait pas chanter doit braire! » On répondait par des éclats de rire ; le gourmand était hué puis obligé de braire, et les chantres reprenaient bientôt avec plus de bruit que jamais.

« Ah ! ah ! dit Thomas, en voyant les enfans qui venaient droit à lui, portant chacun un panier et une paire de ciseaux, car ils étaient tous trop jeunes et trop étourdis pour qu'on pût laisser entre leurs mains des serpettes : voilà des travailleurs qui ne sont pas très capables de faire de bonne besogne ! Où allez-vous, jeunes gens! Par en bas, par en bas!... Vous imaginez-vous être assez habiles pour qu'on vous permette de récolter notre *première qualité*?

— C'est donc difficile de vendanger? demanda Eugène timidement.

—Je vous expliquerai cela tout-à-l'heure, répondit Théodore.

— A la troisième bande, jeunes gens! criait cependant Thomas, en désignant de la main le bas côteau tout couvert de ceps de vigne chargés de grappes énormes.

— Moi, je veux être à la seconde bande, dit la petite Emilie, qui avait suivi ses frères; le raisin est bien meilleur qu'en bas.

— Oui dà! reprit Thomas. Est-ce qu'on vient ici pour manger du raisin ?

— Et puis, dit Théodore, est-ce qu'une petite fille dit : *je veux?*

— Au bas du clos, tout en bas!... » répèta Thomas, et il fallut obéir.

Il n'y avait qu'un petit nombre de vendangeurs dans cette partie du beau terrain, parfaitement exposé et très bien cultivé, qui appartenait à M. de Villeblanche. En s'y rendant, Eugène, qui n'avait pas encore eu l'occasion d'assister aux vendanges, regardait avec curiosité autour de lui, et il faisait bien des questions à Théodore; celui-ci répondait à toutes avec empressement et complaisance; il se sentait tout fier d'en savoir assez pour instruire son nouvel ami de la manière dont Thomas, d'après les ordres de son maître, dirigeait les vendanges. Dans la partie supérieure du coteau, on voyait les vendangeurs couper la grappe avec une serpette, en y laissant le moins de tige possible; car cette tige a un goût âcre, qu'on aime cependant à trouver dans quelques sortes de vins; celui de Bordeaux, par exemple. Ils posaient ensuite avec précaution, et en prenant garde de les défleurir, ces belles grappes dans leurs paniers, que d'autres ouvriers enlevaient quand ces paniers étaient pleins, pour les transporter sur des brancards, en ayant soin d'éviter les secousses, jusqu'au pressoir.

A mi-côte la seconde bande, ou *seconde qualité*, comme disait Thomas, était vendangée avec autant de soin, mais on en prenait moins pour le transport, qui s'effectuait par des charrettes, et l'on voyait des hommes uniquement occupés à monter, en haut du coteau, ces paniers dans leurs hottes, qu'on plaçait ainsi dans la charrette.

Le bas du clos, qui donnait la *troisième qualité*, était abandonné aux femmes, aux enfans, aux malades; quand les paniers étaient remplis, on allait tout simplement les vider dans des hottes, et ces hottes on les vidait sans précaution dans de grands tonneaux préparés sur les charrettes, qui partaient au galop dès que leur chargement était fait.

Toutes ces allées et venues, les chants des vendangeurs, leurs bruyants éclats de rire, animaient singulièrement la campagne. La veille encore elle n'offrait en beaucoup d'endroits que l'aspect monotone et peu agréable de tous les pays de vignobles, où les arbres, les forêts, les buissons mêmes, sont en général sacrifiés à la vigne utile : elle forme comme de vastes champs de ceps, soutenus par des échalas couvrant le flanc des coteaux, et ne présentant à l'œil rien de pittoresque ni de gai.

L'arrivée de M. de Villeblanche et de sa femme, puis de leurs enfans, fut saluée par de vives acclamations de joie. Théodore et ses compagnons laissant leur travail, accoururent au-devant de leurs parens ; la petite Emilie arriva des dernières auprès d'eux, parce qu'elle portait un panier où étaient contenues deux ou trois livres de raisin qu'elle venait de cueillir.

« Bravo ! Emilie, dit le bon-papa ; c'est toi une travailleuse !... Et mais pourquoi Paul a-t-il ainsi la figure couverte de jus de raisin ?

—Bon-papa, dit Emilie en riant, il a voulu porter la hotte; nous y avons mis ce que nous venions de cueillir...

—C'est-à-dire, s'écria Théodore, qu'au lieu de vider ton panier dans sa hotte, tu le lui as vidé sur la tête...

— Comment, ma fille, dit Mme Alphonse, tu passes le temps à faire des malices à ton frère ?

— Maman, dit Paul à son tour, Emilie a été la plus attrapée, car elle a roulé à terre avec son panier vide; et sans Eugène, qui l'a retenue par sa robe, elle serait arrivée en roulant tout en bas du clos....

— Sûrement! reprit Emilie,

comme si les échalas n'avaient pas été là pour m'arrêter !

—Amusez-vous, mes enfans, dit alors la bonne-maman ; mais pas de mauvaises plaisanteries. Où donc est notre petit vendangeur?

— Me voici, Madame, répondit Eugène, qui s'avança alors timidement.

—Bon-papa, dit Théodore, c'est le meilleur travailleur de nous quatre. Je vous assure qu'il n'a pas mangé un seul grain de raisin.

— Ce raisin n'est pas à moi, répliqua doucement Eugène.

— Quant à Emilie, s'écria Paul, si elle peut déjeuner, il faut qu'elle ait un estomac d'autruche!...

— Pas de comparaison, monsieur mon frère, ou bien je dirai... ce que vous savez bien....

— Qu'est-ce que tu pourras dire? demanda Théodore. Paul n'a pas mangé de raisin non plus.

—Non.... mais il a mis tout celui qu'il cueillait... dans le panier d'Eugène..... je l'ai bien vu, quoiqu'il fît cela en cachette...

— C'est vrai, dit Eugène. M. Paul m'a dit tout bas : laissez-moi faire, ne faites semblant de rien....... bon-papa verra que vous êtes aussi bon travailleur que nos meilleurs ouvriers, et alors... vous aurez bien plus d'argent à porter à votre oncle.

— Embrasse-moi, Paul, dit

M. de Villeblanche avec émotion ; et Paul fut embrassé non-seulement par le bon-papa, mais par toute la famille.

— Si j'avais su cela, dit-alors Emilie avec une petite mine boudeuse, je n'aurais pas jeté mon raisin sur la tête de Paul ; je l'aurais mis aussi dans le panier d'Eugène. »

Emilie fut embrassée à son tour pour le regret qu'elle témoignait d'avoir fait une malice plutôt qu'une bonne action ; on renvoya les enfans à l'ouvrage sous la direction de madame Alphonse ; elle leur avait apporté un premier déjeuner dans sa corbeille, et pendant qu'ils mangeaient de bon appétit du pain et du raisin à discrétion, M. de Villeblanche, sa femme, son fils, parcouraient la vigne du haut en bas, adressant quelques paroles obligeantes aux vendangeurs, annonçant des encouragemens, des récompenses, et stimulant ainsi le zèle et la bonne volonté de chacun.

A midi, les domestiques apportèrent aux vendangeurs la soupe aux choux et au pain blanc, et l'on s'assit par groupes de cinq ou six aux rayons d'un beau soleil d'automne, pour prendre ce repas. Toute la famille, M. de Villeblanche excepté, car il était parti depuis long-temps, se réunit au milieu des ouvriers, et les deux mamans, le fils et les petits-enfans, goûtèrent aussi de cette soupe aux choux, si fameuse dans l'histoire des vendanges de tous les pays. Quelques bouteilles de bon vin, vin qui comptait plusieurs années de caveau, servirent à ranimer les forces des travailleurs. Les deux mamans et M. Alphonse choquèrent leurs verres contre ceux des plus âgés des vendangeurs, et burent à la santé de tous.

«Et moi aussi je bois à votre santé!» dit Emilie en recueillant avec ses lèvres le jus d'une grappe qu'elle pressait dans sa petite main.

— Et moi aussi! et moi aussi!» dirent ses frères en l'imitant. Les jabots, les gilets, se trouvèrent fort mal de la plaisanterie, et les deux mamans grondèrent un peu : mais bientôt elles s'apaisèrent, et l'on retourna à la maison. Après avoir fait disparaître, en changeant de vêtemens, les traces des maladresses ou des folies du matin, on se mit à table, très disposé à faire honneur au dîner.

«Vous dînez avec nous, Eugène,» avait dit Mme de Villeblanche au pauvre enfant qui se disposait à la suite du repas des vendangeurs, à se remettre à l'ouvrage; et tout étonné de sa bonne fortune, tout confus de la manière pleine d'affabilité dont on le traitait, Eugène prit place à table entre Mme de Villeblanche et Théodore.

CHAPITRE V.

LES PETITS HISTORIENS.

Plus on montrait de bontés à Eugène, plus il sentait le désir de les mériter par sa conduite et par son assiduité au travail; aussi, en sortant de table, il n'eut rien de plus pressé que de retourner rejoindre les vendangeurs; mais Théodore l'entraîna bon gré mal gré dans un bois magnifique qui tenait à la maison de M. de Villeblanche, en lui disant : «Venez; bon-papa sera bien content si demain vous pouvez lui dire que vous avez vu ses beaux arbres. Savez-vous que ce bois a cinquante arpens d'étendue!

— Cinquante arpens!

— Oui, tout autant, dit Paul qui accompagnait son frère et Eugène; quant à Emilie, elle était restée à la maison avec sa maman; car, ni Mme Alphonse ni Mme de Villeblanche ne trouvaient convenable qu'elle courût les champs avec ses frères comme si elle eût été elle-même un jeune écolier; mais le lendemain et les jours suivans, Emilie devait se trouver dédommagée de cette privation, par l'arrivée de quelques petites amies de son âge qui venaient prendre leur part des

...siné et Gravé par Montaut.

Savez-vous que ce bois a cinquante arpens d'étendue ?

plaisirs des vendanges, sous la surveillance des deux mamans.

— Oui, cinquante arpens! répéta Théodore. Avant la révolution, c'est mon bon-papa qui nous l'a conté, la maison de Rosoi et les terrains qui en dépendent, ne rapportaient pas ce qu'ils rapportent à présent.

— Et comment cela? demanda Eugène; comment la révolution qui a fait tant de mal, a-t-elle produit ce changement en bien?

— Bon-papa, repartit Théodore, assure que la révolution a fait du bien comme du mal: par exemple, avant la révolution il y avait ici un vigneron qui avait soin de tirer le meilleur parti possible de toutes les terres, sans s'inquiéter de les améliorer.

— Mon Dieu oui, dit Paul. Quand bon-papa est venu demeurer à Rosoi, ses oseraies n'avaient pas été renouvelées depuis bien, bien long-temps.

— Qu'est-ce que c'est que des oseraies ?

— Nous nommons comme cela, répondit Théodore, les plantations du saule rouge dont on fait les échalas pour soutenir la vigne et des cerceaux pour cercler les tonneaux; les jeunes branches servent, comme celles de l'osier, à attacher la vigne aux échalas.

— Ce bois-ci, dit Paul à son tour, est, comme vous voyez, tout composé de châtaigner, de chênes ; c'est de ces arbres qu'on tire les douves ou planches étroites pour faire des tonneaux et les cuves du pressoir.

— Je sais cela, reprit Eugène ; et je sais aussi que ces arbres-là, le chêne surtout, dont le bois sert encore à faire des vaisseaux, sont très longs à pousser.

— Oui, sûrement, dit Théodore ; voilà pourquoi il faut s'y prendre de bonne heure pour renouveler les plantations. Le vigneron qui était ici, ne respectait ni les baliveaux, ni les modernes ; vous savez qu'on nomme ainsi les arbres qui sont encore tous jeunes, et les chênes qui n'ont que vingt ans ?

Eh bien ! le vigneron employait ceux-là pour faire du feu ; de sorte que si bon-papa n'était pas venu demeurer ici, nous n'aurions plus aujourd'hui de bois propres à donner des tonneaux.

— Bon-papa, reprit Paul, a bien amélioré son terrain et il a aussi rendu de grands services au pays. Raconte donc, Théodore, l'histoire de bon-papa. Je suis sûr qu'Eugène sera bien aise de la savoir.

— Oui, sûrement, dit Eugène, car j'ai tant entendu parler de la bonté de M. de Villeblanche! On l'aime bien dans tout le pays!

— Comment ne l'aimerait-on pas? dit Théodore avec vivacité. Ecoutez, et vous allez voir s'il est bon.» A ces mots, Théodore passa le bras d'Eugène sous le sien; Paul prit l'autre bras de leur nouvel ami, et les trois jeunes gens continuèrent ainsi leur promenade dans ce beau bois coloré des vives couleurs de l'automne, et où l'on pouvait s'égarer avec sécurité, car il était entouré d'une haie vive fort haute et d'un large fossé.

— Bon papa, dit Théodore, est noble, mais de noblesse de robe, qui n'est pas aussi noble que celle d'épée. Il était conseiller au parlement de Dijon quand la révolution éclata. Cette charge avait été achetée fort cher par ses ancêtres.......

— Oui, dit Paul, parce qu'autrefois les magistrats, les juges achetaient le droit de rendre la justice.

— Comme les gens d'épée, dit Eugène à son tour, c'est-à-dire les grands seigneurs, achetaient un régiment.

— Justement, reprit Théodore; aujourd'hui ce n'estplus cela. C'est le mérite qui fait tout, dans la robe et dans l'épée, et non pasl'argent, et mon père assure que c'est là un des bienfaits de la révolution, qui d'ailleurs a fait dans le temps bien de vilaines choses. Mais revenons à l'histoire de bon-papa. On poursuivait alors tous les nobles; bon-papa qui sentait ne pas pouvoir faire beaucoup de bien dans la place qu'il occupait à Dijon, abandonna tout pour venir demeurer ici. Mais ce n'était pas chose facile dans ce temps-là, que de se faire pardonner par les paysans d'être noble et riche; bon-papa y réussit pourtant, mais pas en un jour. Il y avait à Rosoi un pressoir appartenant à l'ancien seigneur; les paysans autrefois devaient y aller tous absolument presser leur raisin, payer une redevance pour cela, et puis la dîme. Quand la révolution éclata, ils détruisirent presqu'entièrement le pressoir, préférant de porter leurs vendanges à deux lieues d'ici, à se servir d'une chose qui leur rappelait le règne de la féodalité. Bon-papa, lorsqu'il commença d'être connu et estimé, fit offrir à la commune de lui vendre ce pressoir tout ruiné, en échange de quelques bonnes terres labourables. L'échange était avantageux pour la commune, qui accepta; et alors, avec une partie de l'argent qu'il avait retiré de la vente de son hôtel à Dijon et de ses beaux meubles, bon-papa fit réparer le pressoir, fit remettre des cuves neuves, recouvrir le bâtiment, et racommoder la machine à pressurer le raisin; ensuite il dit aux paysans : « Mes amis, ceux d'entre vous que cela arrangera, pourront venir presser ici leurs vendanges; aux pauvres je ne demanderai rien, ceux qui peuvent payer me paieront en argent ou en vin, comme ils voudront.» Depuis ce moment-là tout alla à merveille, et le pressoir servit à tout le monde.

— Voyez pourtant, dit Paul, comme les hommes sont drôles! Est-ce que ce n'était pas faire comme avant la révolution?

— Non pas du tout, reprit Eugène.

— Ah! par exemple!

— Mais, certainement, Paul, repartit son frère; Eugène a raison. Tu vois bien, le seigneur *obligeait* autrefois les paysans de venir, *bon gré mal gré*, presser leurs vendanges au pressoir banal: bon-papa les laisse maîtres d'y venir ou de n'y pas venir, à *leur volonté*; c'est tout différent.

— Mais ils paient pourtant une redevance en vin !

— Sans doute, il le faut bien, cela sert à couvrir les frais des réparations nécessaires au bâtiment, aux cuves, au pressoir. Cette mesure de vin, ils la donneraient ailleurs comme ici. Tiens, je vais te faire sentir la différence. Nous avons dans le village un rémouleur ; cet homme gagne sa vie à repasser nos outils pour le labourage, et nos haches, nos couteaux ; ceux qui veulent l'emploient, et quand on l'emploie on le paie : est-ce que tu appelles cela aussi une *redevance*? Ceux qui lui portent quelque chose à repasser ne pourraient-ils pas le porter ailleurs ?

— C'est vrai, dit Paul.

— Et voilà justement la différence entre le temps d'à-présent et celui d'autrefois, reprit Théodore; et c'est justement pour cela qu'on s'est tant battu, qu'on a tué tant de monde; c'était parce que le peuple était las d'être soumis à la féodalité, aux seigneurs qui abusaient de leurs priviléges; on voulait avoir la liberté d'agir chacun a sa guise, et les seigneurs ne le voulaient pas. Les uns s'en sont allés, les autres sont restés, et aujourd'hui les paysans peuvent aller cuir leur pain, presser leur raisin où bon leur semble, en payant comme de raison à celui à qui appartient le four ou le pressoir; car enfin c'est comme si l'un était marchand de chaleur, et l'autre marchand de force; ils en vendent à ceux qui en manquent.

— Et que fait-on de toutes ces mesures de vin? » demanda Eugène; ayant été imbu, dès le jeune âge, des anciens préjugés, il n'était pas encore arrivé au point de trouver ces choses-là toutes simples.

— Cela fait de triste vin, dit Paul.

— Mais pas si mauvais, reprit Théodore; on mêle ensemble ces différens vins, et ce vin mêlé sert pour les domestiques, pour les ouvriers. Les marchands de Paris l'achètent même volontiers, et le mêlant encore avec du vin de meilleure qualité, ils le font aisément passer pour de bon vin de Beaune.

— Nous voilà bien loin, dit Paul, du vigneron qui faisait ici ses orges à nos dépens, et de l'histoire aussi de bon-papa.

— C'est que je raconte à la façon d'Homère, repartit Théodore avec gaîté. Et puis tu m'interrompts toujours!

— Je ne t'interromprai plus, *Homère cadet*, dit Paul en riant.

— Eh! bien, je reprends le fil de mon histoire.

CHAPITRE VI.

FIN DE L'HISTOIRE DU BON-PAPA.

« PIERRE Ledru notre vigneron à Rosoi, dit Théodore en continuant son récit, était un fier gaillard. Dans un autre temps bon-papa l'aurait renvoyé en arrivant ici, car il avait des raisons de reste pour lui donner son congé; mais alors la prudence obligeait à bien des ménagemens avec ce qu'on appelle les gens du peuple; il y allait de la vie ou de la mort. Bon-papa prit donc patience et laissa Ledru continuer à cultiver et à vendanger le clos à sa manière, espérant qu'un moment viendrait où ce vilain homme demanderait de lui-même à s'en aller.

— Le vigneron, dit Paul, fumait la vigne, ce qui ne vaut rien du tout.

— C'est-à-dire, mon frère, reprit Théodore, qu'afin de la faire produire davantage, il la fumait tous les ans et sans choisir le fumier, chose bien importante selon la qualité du terrain ; bon-papa emploie, ainsi qu'on fait en Champagne, des mottes de gazon. Les herbes en se décomposant donnent un fumier qui n'altèrepas, comme beaucoup d'autres, le goût et le parfum du vin.

— Théodore, n'oublie pas non plus de dire à Eugène que Ledru vendangeait le clos depuis le haut jusqu'en bas, en ligne perpendiculaire ; au lieu que maintenant on le vendange par lignes horizontales.

— Pourquoi cette différence? demanda Eugène.

— Le haut de la côte, répondit Théodore, étant le mieux exposé, donne du raisin bien plus beau, bien meilleur ; celui produit par les ceps placés à mi-côte est un peu moins bon, un peu moins beau, et enfin celui du bas du clos est très inférieur au reste : cela fait, comme vous voyez, trois qualités très distinctes. Ledru mêlait le tout, et vendait le vin qu'il en tirait, comme première qualité; ce qui était tromper, et c'est fort vilain; aussi on commençait à se plaindre et à ne plus vouloir acheter le vin au même prix, quand bon-papa vint à Rosoi.

» Personne, dans le village, n'aimait Ledru; il n'avait pour camarades que les plus mauvais sujets; et un beau jour enfin il vint trouver bon-papa, et lui dit : Citoyen, je suis obligé de quitter le pays. Je ne te paierai pas ce que je te dois, parce que je n'ai ni argent ni assignats. — Que cela ne te tourmente pas, Ledru, répondit bon-papa. Non seulement je te donnerai quittance du tout, mais j'ajouterai trois cents francs pour t'aider à aller t'établir ailleurs avec ta famille. — Ah ! Monsieur, dit alors Ledru, en devenant doux comme un mouton, d'arrogant et d'insolent qu'il était auparavant, c'est me traiter avec trop de bonté, moi, qui me suis toujours si mal conduit envers vous ! — Je suis bien aise que tu en aies du regret, répliqua bon-papa. Il fit la quittance et la donna à Ledru avec les trois cents francs en argent, qui était bien rare dans ce temps-là, et il lui dit : « Écoute, Ledru ; ce qui s'est passé et ce qui se passe encore entre nous, doit t'apprendre qu'*injuste*, *tyrannique* et *noble*, ne signifient pas toujours la même chose, comme toi et tes semblables le prétendent ; et que si, parmi les nobles, il en est qui méritent le blâme, il y en a aussi qui méritent les respects et la reconnaissance de tout le monde. C'est vrai, Monsieur, répondit Ledru. En mémoire de vos bontés pour moi, qui en suis indigne, je tâcherai de rendre service, si je le puis, à ceux de votre rang qui vous ressembleront. Mais ils sont rares, Monsieur ! — Et dans les gens de ta classe, demanda bon-papa, n'y a-t-il pas aussi des méchans ? » Ledru baissa la tête sans répondre, et s'en alla tout confus.

» Quelques jours après, il partit avec sa femme et ses trois enfans, pour ne plus revenir, et alors on commença à tâcher de réparer le dommage que ce vilain homme avait causé à la vigne. Dam! ce fut long, vous pensez bien ! Il fallut renouveler presque tous les plants, et pendant bien des années bon-papa n'eut que des espérances. Ensuite il fallut regagner la confiance des marchands, leur faire de grands avantages pour les decider à acheter, lorsqu'enfin on commença à avoir de belles vendanges. Si vous saviez, Eugène, comme il faut travailler, comme il faut prendre de la peine pour faire venir et pour conserver la vigne! Au mois de mars on renouvelle ou l'on place les échalas en les mettant du côté de l'orient, afin d'abriter un peu les ceps contre les premiers rayons du soleil, qui brûlent les bourgeons quand ils frappent dessus à la suite de la gelée; au mois de mai on ébourgeonne, c'est-à-dire on ôte tous les nouveaux rejetons qui poussent au-dessous de la tête du cep et sortent du tronc ; quand la fleur est passée, on taille la vigne et on enlève une partie des feuilles, pour que le raisin grossisse mieux. Pendant tout le printemps et tout l'été il faut faire la guerre aux *gribouris*, à la *lisette*, au *velours-vert* et aux *limaçons*, qui dévorent les racines, les feuilles, le fruit, tout.

— Cela me fait pourtant de la peine, dit Paul, de tuer les gribouris, les velours-verts et les lisettes. Ce sont des petits, petits hannetons si jolis ! les *lisettes* surtout ! Il y en a de vertes, de bleues, avec un liseré d'or tout le long de leur écaille brillante ; et les *gribouris*, les velours-verts, on dirait vraiment du velours ! Si vous êtes ici au printemps, Eugène, nous vous en ferons voir. Ces pauvres petites bêtes ! elles se nichent l'hiver dans le fumier, au pied de la vigne ; elles font des nids qui ressemblent à des cornets, et on les brûle !

— Oui, plains-les, ces vilains mangent-tout ! Et pourquoi ne plains-tu pas aussi le limaçon ?

— Ma foi non, il est trop laid et trop lambin !

— Tu sais bien pourtant ce que mon père nous a dit souvent au sujet de la laideur et de la beauté ?

— Oui, sûrement, et je sais aussi que les beaux habits ne font rien à la bonté du cœur, pas plus qu'une jolie figure ; mais moi je ne suis pas cause si les lisettes et les velours-verts me plaisent davantage que les limaçons.

— Pourtant tu as bien du plaisir à chanter à ceux-ci : *Limas, limas, montre-moi tes cornes !*

— Et notre vigneron a encore plus de plaisir à les croquer. Pouah !

— Je vous assure, dit alors Eugène, que ce n'est pas mauvais. Dans les ports de mer on mange les limaçons de mer; pourquoi ne mangerait-on pas ceux de terre?

— Vous en avez mangé?

— Oui, M. Théodore, répondit Eugène, avec un soupir.

— Eh bien! à présent vous n'en mangez plus!» reprit Théodore du ton de l'affection, car il devinait que la nécessité seule avait contraint Eugène à goûter à ce mets que la plupart des vignerons aiment beaucoup. «A moins pourtant, ajouta-t-il, que vous ne les trouviez bons. Oh! le matin, pendant tout le printemps, nous en ramassons dans le clos par milliers.

— Et c'est alors, dit Paul, qu'on voit bien comme bon-papa est aimé. Nous sommes bien du monde à la maison pour leur faire la chasse, eh bien! cela ne suffirait pas pour les détruire, si les gens du village, hommes, femmes et enfans, ne venaient nous aider, et encore sans qu'on les en prie!

— Oui, reprit Théodore, les fêtes des vendanges ne sont pas plus animées et plus bruyantes que la chasse aux limaçons. Cela m'amuse.

— Et moi aussi, dit Paul. Nous en remplissons de grands paniers, de grands pots, et puis on les tue sans miséricorde. Dis donc, Théodore, tu oublies de parler de ce raisin barbu dont bon-papa nous a dit des merveilles? Eugène n'en verra pas chez nous.

— Le clos est trop bien soigné maintenant, mon frère, pour que nous en trouvions chez nous. Et puis bon-papa nous a dit souvent que ce raisin est moins commun en France que dans les pays plus chauds.

— Est-ce qu'on ne lui a pas montré une grande grappe toute sèche et toute barbue, quand il est allé, dans sa jeunesse, à Paris ?

— Oui, cette grappe venait de Malte, à ce qu'on disait.

— Moi je croyais, dit Eugène, que la barbe qui couvre quelquefois le raisin, c'était de la moisissure.

— Oh! ce n'est pas du tout cela, reprit Théodore. Je n'ai pas encore vu de raisin barbu, mais j'ai vu la plante qui le produit; c'est chez un de nos voisins, M. Lelong, qui est amateur d'histoire naturelle et de botanique.

— Et moi aussi je l'ai vue, dit Paul; c'est de la *cuscute* : elle est de la classe des plantes parasites.

— A merveille, Paul! je ne croyais pas que tu avais écouté aussi attentivement M. Lelong, et qu'est-ce qu'il nous a dit encore?

— Il nous a dit et il nous a montré que la *cuscute* pousse avec autant de vigueur sur l'ortie que sur la vigne. Il nous en a fait voir sortant à peine de terre; c'est une tige très mince, très mince qui a, non pas des feuilles, mais des filets rougeâtres ; ces filets, qui forment comme un petit paquet de cheveux, s'insinuent dans la tige ou dans le fruit des autres plantes et se nourrissent de leurs sucs. M. Lelong nous a promis que l'année prochaine il nous montrerait un cep de vigne qui aurait des raisins tout aussi barbus que la grappe apportée de Malte en France.

— La barbe de cette grappe-là, reprit Théodore, était belle, selon ce que nous dit bon-papa, car elle avait au moins trois pieds de long.

— Oh! quelle barbe! s'écria Eugène qui commençait à oublier ses peines et à prendre un intérêt réel à l'entretien de ses nouveaux amis. Cet entretien se prolongea d'une manière fort agréable pour tous les trois pendant le reste de la promenade, et lorsque les jeunes gens revinrent à la maison, Eugène portait sur ses traits cette expression de contentement que donnent toujours les distractions et les plaisirs de l'instruction ou de l'esprit, à quiconque est capable d'en goûter les charmes.

CHAPITRE VII.

UN VÉRITABLE AMI.

PENDANT qu'Eugène, doucement distrait de ses chagrins, voyait s'écouler les heures avec rapidité, M. de Villeblanche se rendait en poste à Bèze où il arriva seulement à trois heures de l'après midi. Laissant sa voiture à l'auberge, il prit quelques informations sur la demeure de M. de Montrol, puis il s'y fit conduire par un paysan, qui portait sur son épaule le portemanteau que Mme Alphonse avait rempli de vêtemens et de beau linge, par l'ordre de M. de Villeblanche.

La maison de M. de Montrol était une des plus apparentes des environs ; derrière se trouvait un jardin fermé de murs; mais ces murs, comme la maison, étaient en fort mauvais état, et tout annonçait qu'ici la misère avait succédé à l'aisance.

M. de Villeblanche ayant fait déposer le porte-manteau sur le seuil de la porte, congédia le paysan, et quand celui-ci se fut éloigné il sonna. Les aboiemens d'un chien répondirent aussitôt au bruit de la sonnette, ce qui prouvait que la maison était habitée; on en aurait pu douter en voyant tous les contreveus hermétiquement fermés. Bientôt un pas lourd et traînant se fit entendre, la porte s'ouvrit, et M. de Villeblanche demanda d'une voix émue au squelette à peine vêtu qui s'offrit à ses regards, si ce n'était point ici que demeurait M. de Montrol?

« C'est ici, Monsieur, et je suis M. de Montrol, » répondit l'oncle d'Eugène d'un ton sérieux et froid.

M. de Villeblanche qui tenait alors à la main un des bouts du porte-manteau, voulut entrer; mais M. de Montrol barrait le passage, et d'un air qui montrait assez que son intention n'était pas de laisser l'étranger pénétrer plus avant, il demanda : « Qu'y a-t-il, Monsieur, pour votre service ?

— Eh ! quoi, dit M. de Villeblanche, Montrol ne me reconnaît pas ? Je suis Léon de Villeblanche !

— Léon de Villeblanche ! répéta M. de Montrol vivement. Est-il possible ? Est-ce bien vrai ?

— Et oui, mon ami ! » répondit M. de Villeblanche en l'obligeant à lui livrer passage. Fermant alors la porte d'entrée, il laissa tomber à terre le porte-manteau, et tendit les bras à M. de Montrol. Celui-ci hésita un moment, puis s'y précipita, et tous deux s'embrassèrent avec l'effusion de la plus tendre amitié.

« Mon ami, dit M. de Villeblanche en voyant que M. de Mon-

Dessiné et Gravé par Montaut

Eh! quoi, Montrel ne me reconnais pas?

trol ne paraissait pas disposé à le recevoir ailleurs que dans le corridor, pour causer, nous serions mieux dans un autre endroit qu'ici, ce me semble ; car nous avons beaucoup de chose à nous dire.

— Je n'ose, répondit monsieur de Montrol, t'introduire dans... la chambre que j'occupe.

— Et pourquoi donc ? C'est une chambre de garçon où règne un peu de désordre, n'est-ce pas ? Qu'importe ! entre d'anciens camarades de collége, entre d'anciens amis faut-il faire tant de façons ?

— Viens donc, dit M. de Montrol en soupirant, et il conduisit son ami dans une pièce au rez-de-chaussée donnant sur le jardin et où régnait, non pas le désordre, mais la plus affreuse misère. Il ne s'y trouvait pour tout meuble qu'un misérable grabat, une table boiteuse appuyée contre le mur tout-à-fait nu, et deux vieilles chaises presqu'entièrement dépouillées de la paille grossière qui autrefois en garnissait le siége. M. de Villeblanche, à cette vue, sentit son cœur se serrer, ses yeux se mouiller; mais dissimulant l'émotion douloureuse qu'il ressentait, ils'assit, et pressa la main de M. de Montrol qui éprouvait à-la-fois de la joie d'avoir retrouvé un ami, et une peine bien vive de lui laisser voir sa misère.

Tu ne devinerais jamais,

dit M. de Villeblanche du ton de la plus tendre affection, à qui tu dois ma visite ?

— Comment le devinerais-je en effet ? repartit M. de Montrol. Je ne vois personne qui ait pu t'indiquer ma demeure.

— C'est quelqu'un, mon ami, dont tu possèdes toutes les affections, quelqu'un que tu chéris toi-même de toute ton âme ; un enfant charmant que déjà nous aimons tous, ton neveu enfin.

— Eugène ?

— Oui, mon ami. Eugène est chez moi depuis hier.

— Qu'entends-je ! et comment se fait-il....

— Il te racontera tout lui-même

fois au moins aussi riche que lui-même.

Au moment où il remontait l'allée pour la dixième ou douzième fois, il vit venir au-devant de lui M. de Montrol, vêtu, grâces à ses bienfaits, d'une manière convenable à son âge et au rang que sa naissance, son éducation et son ancienne aisance lui avaient long-temps fait tenir dans le monde. Sans parler, M. de Montrol se jeta une seconde fois dans les bras de son ami, et une seconde fois tous deux se tinrent quelques minutes embrassés.

« Tu pourras venir à pied jusqu'à Bèze, n'est-ce pas, mon ami ? demanda M. de Villeblanche. Nous dînerons avant de partir, et tout en dînant nous causerons de nos affaires. »

M. de Montrol ne put que lui serrer la main en signe d'acquiescement, et ils quittèrent la maison suivis par le chien fidèle qui partageait, depuis bien des années, la misère et les privations de son maître.

Avec une tendre attention, M. de Villeblanche soutenait les pas chancelans de son ami épuisé par le chagrin, par le besoin, et ils arrivèrent ainsi à l'auberge, où un repas aussi bon qu'il était possible de se le procurer en cet endroit, avait été préparé.

Afin d'être plus libre, M. de Villeblanche ne s'était fait suivre par aucun de ses domestiques; il ne voulait pas de témoin indiscret du malheur extrême de M. de Montrol.

Tant que les gens de l'auberge furent obligés d'aller et venir pour le service, l'entretien roula sur des choses indifférentes ; mais au dessert, les deux amis se trouvant seuls, M. de Villeblanche dit à l'oncle d'Eugène : « As-tu quelque affaire à régler dans ce village avant de partir avec moi pour Rosoi ? Pas d'hésitation, Montrol, je t'en prie, ou tu m'affligerais sensiblement.

— J'ai quelques petites dettes ; elles se montent à une somme peu considérable en elle-même....

— Peu importe. Il y a dans la

poche de ton habit une bourse dont je te prie de disposer. Ce n'est qu'un prêt. Ton neveu se chargera de me rembourser !

— Mon neveu !

— Oui, sans doute.

— Hélas ! le pauvre enfant et moi nous ne possédons rien sur la terre que cette maison, pour laquelle nous ne pouvons trouver d'acheteurs, parce qu'elle est en trop mauvais état.

— Nous verrons à découvrir quelque amateur. Si tu veux, nous allons envoyer au curé de Bèze la somme que tu dois ici, en le priant, par un mot d'écrit, de vouloir bien prendre la peine de t'acquitter envers tes créanciers.

— Mais, mon ami...

— Pas d'objections, je t'en prie. Ton neveu, te dis-je, est maintenant en état de faire face à tout.

— Et comment cela ?

— Il est au nombre de mes vendangeurs, et comme il est bon travailleur et plein d'intelligence, d'esprit, de courage...

— Il en faut beaucoup en effet pour vendanger !... Ah! Villeblanche, jusqu'à ton dernier jour tu seras le meilleur, le plus délicat des amis et des hommes ! »

L'arrangement proposé par monsieur de Villeblanche ayant été adopté, M. de Montrol écrivit quelques lignes au curé de Bèze pour lui faire part de sa bonne fortune, et pour lui demander d'avoir la bonté de se charger de régler avec ses créanciers. Sans rien dire, M. de Villeblanche joignit à l'envoi une somme assez considérable pour les pauvres de la paroisse, et les deux amis étant montés en voiture, on se mit en route pour Rosoi.

CHAPITRE VIII.

LA RÉUNION.

THÉODORE se doutait bien pourquoi le souper devait être servi ce soir-là plus tard que de coutume; pourquoi l'on avait permis à Émilie de veiller pour attendre le retour de M. de Villeblanche, et enfin pourquoi il y avait sur la table un couvert de plus qu'il n'en fallait pour le nombre des convives que Paul avait comptés sur ses doigts, sans pouvoir deviner quel était celui que son bon-papa allait amener.

Après les travaux de la journée, les enfans un peu fatigués n'avaient pas envie de jouer à des jeux bruyans. Ils s'étaient réunis autour d'une table couverte de jolis joujoux qu'on faisait voir à Eugène, et dont on lui expliquait l'usage ; à quelque distance, Mme de Villeblanche et sa brue brodaient en écoutant la lecture du journal que leur faisait M. Alphonse, lorsque soudain Théodore se lève en s'écriant : « J'entends une voiture; c'est bon-papa ! » Et il s'élance hors du salon. Paul et Émilie le suivent; Eugène seul, quoique son cœur le porte à courir au-devant de M. de Villeblanche, reste à sa place, où le retient la timidité.

« Je me sens tout émue! dit Mme Alphonse en tendant la main à son mari. Maman, faut-il aller au-devant de notre père ?

— Non, ma fille, répond Mme de Villeblanche; attendons-le ici. Il n'aime point les scènes d'éclat.. Eugène, venez près de moi, mon enfant.... Votre cœur bat un peu je crois?..Ne devinez-vous pas qu'elle est la personne que M. de Villeblanche nous amène ce soir ?

— Madame... » dit Eugène en balbutiant, et une vive rougeur colore ses joues pâles. En cet instant la porte du salon s'ouvre, et M. de Villeblanche paraît accompagné de son ami. Eugène jette un cri et s'élance dans les bras de son oncle. Tous deux fondaient en l'armes sans pouvoir parler ; la famille entière partageait leur joie, leur attendrissement.

« Pardon, Madame, » dit M. de Montrol, qui vient de se dégager des bras d'Eugène, et qui s'incline avec respect devant Mme de Villeblanche. Elle s'était levée, ainsi que son fils et sa brue, pour le recevoir.

« Je te présente, ma chère amie, M. de Montrol, dit alors M. de Villeblanche. Mon ami, voici ma femme, mon fils, ma brue : Théodore, Paul et Émilie, mes petits-enfans. »

On se salua de nouveau, puis-

l'on s'assit. Bientôt, aux premiers momens de gêne et de contrainte, succéda la plus douce confiance, la plus douce intimité, et Eugène ainsi que son oncle purent se croire, de cet instant, au sein de leur famille.

Lorsque le souper, où régna une aimable gaîté, fut fini, M. de Villeblanche conduisit son ami à l'appartement qu'il devait occuper avec Eugène tout le temps de leur séjour à Rosoi.

« Montrol, dit M. de Villeblanche, tu es ici chez toi, entends-tu bien ? Prends cette clef, c'est celle de ton secrétaire. Je te prie d'user, comme de ton propre bien, de ce que tu y trouveras. Agir autrement, ce serait me chagriner et me faire injure. Bonsoir, mon ami. Puisse-tu reposer en paix sous le toit de l'amitié! Puissent de doux songes embellir ton sommeil et effacer le souvenir de tes longues souffrances, qui sont enfin terminées! Bonsoir, Eugène! Bonsoir, excellent enfant, bien digne de ton oncle! A demain!»

Quand l'oncle et le neveu furent seuls, au lieu de songer à chercher le repos que tant d'émotions tout ensemble si douces et si vives auraient éloigné d'eux, ils passèrent une partie de la nuit à se raconter mutuellement comment cette main puissante, que jamais le malheureux n'implore en vain, était venue soudain les arracher à l'abandon, à la détresse, pour les rendre à l'aisance et au bonheur. Oh! qu'elles étaient sincères les prières qu'ils adressaient au ciel pour lui demander de répandre ses bénédictions sur M. de Villeblanche et sur toute la famille de cet excellent ami! Lorsqu'enfin le sommeil vint fermer leurs yeux, leurs paupières étaient encore humides des larmes de la joie et de la reconnaissance.

Le jour suivant on vit arriver chez M. de Villeblanche quelques unes de ses connaissances de Dijon. et les parens de sa brue qui amenaient leurs enfans pour prendre leur part des travaux, et surtout des plaisirs des vendanges, et la maison, de tranquille qu'elle avait été jusqu'alors, devint bien bruyante. Eugène, un peu timide d'abord, finit par oublier insensiblement que l'avant-veille encore il n'avaït pour abri qu'un buisson au pied duquel il s'était couché le cœur vide d'espérance; et bientôt on le vit se livrer, avec les compagnons de Théodore et de Paul, à la gaîté si naturelle à son âge.

La bande joyeuse, dont Émilie et ses petites amies faisaient partie, se rendit en chantant, et sous la surveillance de Mme Alphonse, parmi les vendangeurs depuis longtemps à l'ouvrage. Mais on ne se contentait plus maintenant de vendanger; on voulait porter la hotte, se rendre sur les charrettes au pressoir, et sans la crainte de déplaire à la bonne-maman, on se serait volontiers mis du nombre de ceux qui foulaient dans les cuves, avec leurs pieds nus, le raisin qu'on fait ensuite passer sous le pressoir.

Dans l'après-dîner, Théodore ayant suggéré l'idée de représenter les anciennes fêtes de Bacchus, en peu d'instans tout fut préparé pour donner à la compagnie, qui se promenait dans le jardin, un spectacle impromptu. Une petite voiture d'enfans se trouva promptement transformée en un char, où se plaça Théodore représentant le dieu des buveurs. Il tenait d'une main un tyrse, de l'autre un verre à patte; sur ses épaules était une palatine à sa bonne-maman, destinée à figurer la peau de bouc; sur son front deux cornes en papier doré qui brillaient d'un éclat surprenant au milieu de sa couronne de pampres de vigne. L'âne du jardinier servait de monture à Silène; on avait choisi, parmi les nouveaux venus, celui dont la figure réjouie et pleine convenait le mieux pour rappeler ce fidèle compagnon de Bacchus. Les jeunes filles, les cheveux épars et la tête aussi couronnée de pampres de vigne, figuraient les bacchantes, et une troupe de buveurs conduite par Paul, ayant tous comme lui le visage couvert de jus de raisin, fermait la marche triomphale du dieu des vendanges. Des chants, accompagnés du son aigre de vieux mirlitons et de trompettes de la foire, annoncèrent l'arrivée de la bande joyeuse, qui fut accueillie par des éclats de rire ; car les bons parens se prêtaient volontiers à tous ces jeux, lorsqu'ils n'offraient aucun danger, lorsqu'ils n'amenaient aucune étourderie répréhensible. M. de Montrol éprouva une nouvelle jouissance, depuis bien long-temps inconnue à son cœur accablé par le poids de l'infortune, en voyant les yeux d'Eugène briller de gaîté, ses joues animées par de belles couleurs et en entendant sa voix se mêler à celle des autres enfans.

« Mon ami, dit-il à M. de Villeblanche, combien nous te devons tous les deux ! Comme un dieu bienfaisant, tu nous es apparu, et à ton approche se sont dissipés tous les nuages ; nos âmes se sont ouvertes à la joie, à l'espérance !... Ah ! Villeblanche, par le bonheur que tu nous donnes, je juge de tout celui dont tu dois jouir en voyant les heureux que tu as faits ! »

M. de Villeblanche serra tendrement dans les siennes la main de son ami.

CHAPITRE IX.

LES SOUVENIRS.

La famille de Villeblanche, à qui un long usage de la bienfaisance avait appris à faire le bien d'une manière grande et durable, s'occupait cependant de consolider le bonheur que goûtaient, au milieu d'elle, Eugène et son oncle. M. de Montrol ayant émigré ainsi que le père d'Eugène, il ne leur restait plus rien des possessions de leur famille qu'une terre assez considérable que M. de Montrol avait engagée, avant de partir pour l'émigration, à une personne qui, sur ce gage, lui avait fourni les fonds dont il avait besoin. Heureusement pour lui, il était tombé entre les mains d'un honnête homme auquel il n'était point venu à l'esprit de se prévaloir de la facilité que les désordres inséparables des bouleversemens politiques, avaient donnée aux gens de mauvaise foi, de s'emparer, à l'aide de la fraude, ou de l'injustice de quelques unes des lois d'alors, des biens des émigrés; mais cet homme ne voulant point perdre la somme assez forte qu'il avait prêtée, avait fait signifier à M. de Montrol, que si on ne le payait pas le jour où le contrat expirait, il ferait vendre, et lui tiendrait compte du surplus : or le jour fatal était passé. Pourtant on espérait, puisque la vente n'avait pas encore eu lieu, que le créancier pourrait consentir à recevoir ce qui lui était dû, et à remettre M. de Montrol en possession de sa terre. C'était dans cette espérance que l'oncle d'Eugène était parti pour le Poitou avec M. Alphonse, pour tenter de terminer à l'amiable une affaire dont le résultat, s'il était heureux, pouvait le rendre, ainsi que son neveu, à une douce aisance.

En son absence M. de Villeblanche s'occupait de faire réparer, afin de la vendre, sa petite maison des environs de Bèze. Eugène lui demanda un jour de vouloir bien l'emmener au prochain voyage qu'il y ferait, pour inspecter les ouvriers, et de permettre que Théodore et Paul les accompagnassent.

« Pourquoi, mon enfant, dit M. de Villeblanche avec bonté, veux-tu troubler, par de tristes souvenirs, le repos dont tu jouis près de nous ?

— O mon bienfaiteur, répondit Eugène, ces souvenirs, loin de troubler ma félicité, la rendent au contraire plus grande! J'aime à me rappeler combien nous avons été malheureux, aujourd'hui que mon oncle et moi nous sommes si heureux ! »

M. de Villeblanche embrassa Eugène, et consentit à ce qu'il désirait. Tous les quatre partirent un matin pour Bèze, où ils arrivèrent de bonne heure.

Eugène pouvait à peine reconnaître, dans la maison fraîchement badigeonnée, et dont les contrevents étaient peints en vert, la maison d'un aspect si délabré que son oncle et lui avaient habitée ; leur chien César, avec des aboiemens joyeux, franchit le seuil de la porte ; lui-même n'était déjà plus reconnaissable; ce n'était plus un pauvre animal maigre, affamé, attendant avec une patience qui prouvait l'étendue de son intelligence ou de son instinct, sa petite part d'un morceau de pain noir si souvent arrosé par ses maîtres de larmes bien amères.

Tandis que M. de Villeblanche donnait ses ordres aux ouvriers, Eugène conduisait Théodore et Paul dans toute la maison en leur disant : « Ici je venais pleurer tout seul dans le temps que ma pauvre tante était si malade... Ici elle est morte, et nous avons passé, mon oncle et moi, deux jours et deux nuits près de son lit de mort, sans penser à prendre la moindre nourriture... Ici je me suis caché une fois, évitant de rencontrer mon oncle, afin qu'il ne s'aperçût pas que j'étais près de m'évanouir de faim...... O Théodore, que ne te dois-je pas? c'est toi qui a mis un terme à notre misère! Tu m'as obligé de te suivre chez M. de Villeblanche, tu as partagé avec moi tes vêtemens comme avec un frère... O Théodore, si je pouvais oublier jamais ce que tu as fait pour moi, si jamais je pouvais être assez malheureux pour reconnaître ton amitié par la seule apparence de l'ingratitude, Théodore prononce ce seul mot : *le buisson!* et, pénétré de repentir et de honte, je me jetterai dans tes bras en implorant mon pardon! »

Eugène pleurait en disant ces mots; Théodore pleurait aussi, et tous les deux s'embrassaient avec la plus vive affection.

« Et toi, Paul.... ajouta Eugène en se tournant vers lui, et en lui tendant la main.

— Oh! moi, répondit Paul qui l'interrompit avec vivacité, j'éprouverai toujours de la honte en pensant *au buisson*.....

— Pourquoi cela? reprit Eugène. N'as-tu pas joint tes prières à celles de ton frère? N'est-ce pas toi qui m'as conduit dans la salle de bain? N'as-tu pas touché sans la moindre répugnance les misérables haillons dont j'étais couvert? Paul, tes droits sont égaux à ceux de ton frère, et ma reconnaissance....

— Non, non, dit encore le jeune Paul, ça ne peut pas être la même chose... Pourtant je n'en suis point jaloux ; je suis seulement fâché d'avoir été moins brave que Théodore. Tu dois l'aimer mieux que moi, c'est tout naturel... Embrasse-moi, frère Eugène, et ne parlons plus de tout ça.

— Je peux n'en plus parler, dit Eugène avec sensibilité, mais n'y point penser, mais l'oublier !... ah ! c'est impossible ! »

Le jardin commençait à subir la même métamorphose que la maison. Il était grand, le terrain était bon, et l'on pouvait espérer que l'année d'ensuite il offrirait un aspect fort agréable, car il était planté de beaux arbres, et le long des murs se trouvaient des espaliers, mais en fort mauvais état. Partout en ces lieux se montrait déjà la main bienfaisante d'un homme généreux sachant faire, de ses richesses, le plus noble, le plus doux usage, et Eugène souhaitait que la maison ne fût pas vendue; il souhaitait que son oncle la conservât toujours... puis il soupirait en songeant à la distance qui le séparerait alors de la famille respectable dont il avait été adopté, dont il était traité comme un fils chéri.

Ce petit voyage se termina par une visite au bon curé de Bèze, qui n'avait jamais su à quelles extrémités M. de Montrol et Eugène s'étaient trouvés réduits; car tous deux avaient cette noble fierté qui porte à cacher sa misère dans la crainte d'être soupçonné, en la laissant connaître, de paraître chercher ou demander des secours.

Le soir, Théodore raconta à sa mère et à sa bonne-maman, quand il se trouva seul avec elles, l'emploi de la journée. Son récit fait avec naïveté et candeur excita leurs larmes.

» Oh! que nous sommes heureux d'être riches! dit Théodore en terminant. Comme le bien qu'on fait, fait du bien!

— Oui, mon fils, dit sa mère

qui le serrait contre le cœur maternel que ses bonnes qualités comblaient de joie. » Si quelque jour mon Théodore pouvait, entraîné par les passions de la jeunesse, dissiper follement la fortune que le ciel lui a conservée, qu'il se souvienne *comme cela fait du bien de faire le bien*, et je suis sûre que, rougissant d'une erreur passagère, il sentira qu'il n'est pas de plaisirs qui vaillent ceux que donne la bienfaisance ! »

CHAPITRE X ET DERNIER.

L'ORGUEIL ET LA RAISON.

Le bonheur, comme le malheur, ne vient jamais seul, dit un ancien proverbe. M. de Montrol devait faire par lui-même l'épreuve de la vérité de ce vieil adage : il voyait maintenant la fortune, qui l'avait poursuivi pendant tant d'années avec acharnement, favorable à tous ses vœux. A l'aspect seul de la véritable amitié, le malheur avait fui, et, devant son magique pouvoir, s'aplanissaient les obstacles.

Après deux mois d'absence,

M. de Montrol revint à Rosoi avec le fils de son ami, M. Alphonse, dont le secours lui avait été si utile pour terminer ses affaires : il y revint apportant une somme assez considérable, produit de la vente de sa terre du Poitou, pour n'avoir plus à craindre désormais l'affreuse misère, ni de se trouver à charge à la famille généreuse qui l'avait reçu dans son sein avec tant d'empressement et de cordialité.

« Maintenant, dit-il à son noble ami en le serrant dans ses bras, tu es mon seul créancier, et tu le seras toujours ! Oui, Villeblanche; car, lorsque j'aurai pu m'acquitter envers toi, lorsque j'aurai pu te rendre ce que ta générosité m'a avancé avec tant de délicatesse, combien je te devrai encore! Cette dette-là, mon ami, ne sera jamais payé, qu'elle que soit la vivacité de ma reconnaissance !

— Montrol, répondit M. de Villeblanche, il est un moyen de rétablir entre nous cette douce égalité, sans laquelle l'amitié ne saurait long-temps exister ; il est un moyen de t'acquitter des obligations que tu crois nous avoir.

— Lequel, mon ami? Oh! dis-le moi, et tu verras, par mon empressement à voler au-devant de tes désirs, combien est sincère la vive reconnaissance dont je suis pénétré pour toi !

— Une longue infortune, répondit M. de Villeblanche, a dû te prouver, Montrol, que rien n'est stable ici-bas; que le temps amène journellement des changemens qui peuvent nous dépouiller de tous les avantages que semblaient nous assurer à jamais notre naissance et nos richesses. Les leçons sévères qui nous ont été données, n'ont pu détruire, dans quelques-uns d'entre nous, des préjugés enracinés dès le bas-âge; mais ces leçons ont dû exciter assez nos réflexions pour que nous veuillons du moins faire profiter nos enfans du fruit d'une cruelle expérience. Montrol, la révolution, en éclatant, a laissé la plupart, je devrais dire presque tous les nobles, sans ressource aucune; à l'ignorance ils joignaient la folle persuasion que le travail n'était point fait pour eux. Ceux qui ont eu le courage d'étouffer d'absurdes préjugés, ont échappé à la douleur de voir autour d'eux leur famille mourir de faim; les autres ont péri de désespoir et de misère. Montrol, entretiendrons-nous dans nos enfans une ignorance et des idées qui peuvent leur devenir si préjudiciales un jour ? »

M. de Montrol ne répondait pas. Aujourd'hui que la fortune commençait à lui sourire, aujourd'hui qu'il se voyait au moment de reprendre son rang dans la société, il était tout prêt à retomber dans ces mêmes erreurs qu'il avait si souvent déplorées, lorsque la misère, l'affreuse misère pesant sur lui, il avait éprouvé le regret de ne savoir aucun métier qui pût le mettre à l'abri, ainsi que son neveu, de mourir de faim dans sa maison, qui présentait partout l'aspect du dénûment le plus entier.

« Mon ami, reprit M. de Villeblanche en lui tendant la main, tu devines sans doute le sacrifice que je veux te demander en échange des légers services que le hasard m'a mis à porté de te rendre? Montrol, je n'essaierai pas de combattre tes idées, tes préjugés, mais permets du moins que ton neveu n'en soit pas la victime; permets qu'il soit élevé avec mes petits-fils; qu'avec eux il apprenne que si, par les lois de la société, les hommes ne naissent point égaux, le malheur rétablit cette égalité voulue par les lois de la nature; qu'alors celui qui tenait dans le monde le plus haut rang, tombe au rang le plus bas, lorsque les événemens l'ayant dépouillé d'une fausse grandeur, il est réduit à valoir quelque chose par lui-même. Mon ami, une bonne éducation, une éducation qui nous donne les moyens d'échapper au vice dans la prospérité, et à la misère dans le malheur, est un trésor qui surnage toujours dans le naufrage; c'est un trésor que l'homme porte partout avec lui, et qui devient d'autant plus inépuisable qu'on en fait un plus fréquent usage. »

M. de Montrol continuait de garder le silence ; l'orgueil et la raison se livraient en lui de violens combats; enfin, il dit : « Villeblanche, le sacrifice que tu demandes est grand ; en effet..... mais mes obligations envers toi sont aussi bien grandes ! Fais, pour Eugène, ce que tu jugeras convenable.

— Je te remercie, mon ami, dit alors M. de Villeblanche avec émotion. Ne crois pas que je veuille t'enlever le seul bien précieux que tu possèdes sur la terre, ton neveu. Non; tu vivras près de nous ;

tu le verras grandir sous tes yeux, en bonté, en loyauté, et son intelligence se développer de plus en plus; tout ce que je te demande, c'est de ne pas contrarier nos soins, en nourrissant dans Eugène un orgueil qui a fait notre malheur à tous. »

A dater de ce jour, Eugène fit réellement partie de la famille. Le précepteur de Théodore et de Paul lui donnait les mêmes soins qu'à ses deux autres élèves, et il partageait en tout leurs études, leurs travaux, leurs plaisirs. Ses progrès étaient rapides; son émulation, sans cesse excitée, le portait à tâcher de regagner, autant que possible, le temps perdu. Si quelquefois il s'étonnait en entendant M. de Villeblanche émettre, sur la véritable dignité, sur la véritable valeur de l'homme, des idées tout-à-fait contraires à celles de son oncle, bientôt le bons sens, aidé de la réflexion, l'amenait à les goûter, et à sentir qu'en effet quiconque se contente d'être tout par sa naissance, se réduit ainsi à valoir bien peu.

La maison de Bèze avait été louée; M. de Montrol possédait actuellement une jolie propriété à Rosoi même; il l'habitait avec Eugène, et tous les deux passaient leurs journées au milieu de leur famille adoptive. Eugène s'instruisait, sous monsieur de Villeblanche, dans l'art de faire valoir les vignobles de son oncle; à l'exemple de Théodore et de Paul, il ne dédaignait pas de s'entretenir avec le moindre paysan; il s'accoutumait à considérer sous d'autres rapports cette classe, l'une des plus utiles de la société, que l'ignorance, que l'arrogance repoussent, en refusant pour ainsi dire le nom et la qualité d'*homme* à ceux qui la composent, et en apprenant à estimer les autres, Eugène apprenait aussi à se rendre lui-même plus digne de l'estime des gens de bien.

La première fois que la fête des vendanges eut lieu chez M. de Montrol, toute la contrée fut invitée à y prendre part. La maison était trop petite pour contenir la foule *des amis* que le retour de la prospérité avait ramenés, et M. de Montrol, en cette circonstance, déploya un luxe qui contrastait avec la simplicité qu'on voyait régner toujours chez M. de Villeblanche. Les vendangeurs furent magnifiquement traités : cependant l'année d'ensuite on eut de la peine à s'en procurer, parce que la récolte étant fort abondante, M. de Villeblanche avait besoin d'un plus grand nombre d'ouvriers, et tous préféraient travailler pour celui qui, en faisant moins d'étalage, en ne leur donnant qu'un violon pour conduire la danse et des mets succulens, mais simples, leur montrait une condescendance, une aménité qu'ils n'avaient point trouvées chez M. de Montrol.

Cette leçon, et plusieurs du même genre, que les circonstances amenèrent à la suite l'une de l'autre, firent enfin sentir à l'oncle d'Eugène que le temps où l'on se croyait tout par ses aïeux, et où le peuple partageait à cet égard la croyance des familles qui opprimaient alors sans contradiction *la gente plébeïenne*, était passé sans retour. Cette certitude lui coûta plus d'un soupir; mais du moment qu'il l'eut acquise, il cessa de songer à combattre, dans son neveu, les principes raisonnables qu'un sage ami cherchait à lui inculquer. Au lieu de s'entêter à vouloir faire remonter le torrent vers sa source, M. de Montrol se résigna à en suivre le cours, et sa vieillesse fut heureuse et paisible.

« Villeblanche, dit-il un jour à son ami, en exigeant de moi ce que tu appelais un sacrifice, tu as fondé, sur des bases solides, mon bonheur actuel et le bonheur à venir de mon Eugène. O mon ami, ta douceur, ta raison, ont su amener le changement heureux que le malheur et l'expérience n'avaient pu opérer !

— Montrol, répondit M. de Villeblanche, le malheur et l'expérience donnent des leçons sévères à tous les hommes ; mais la raison seule peut les faire fructifier. »

FIN DES VENDANGES.

LES RAISINS.

« COMMENT, M. Delmont, dit Alphonse, ce vin de Champagne blanc qu'on a servi hier au dessert, est fait avec du raisin noir ?

— Oui, mon ami, répondit le précepteur : si vous le souhaitez, pendant notre promenade de ce matin, je vous expliquerai ce mystère.

— Oh ! bien volontiers, repartirent à-la-fois Alphonse et son jeune cousin Hypolite. C'est sans doute, ajouta Hypolite, par le secours de quelque procédé chimique qu'on obtient un résultat si singulier ?

— Pas du tout, répondit M. Delmont.

— Mais pourtant, reprit Alphonse, selon ce que j'ai entendu dire bien souvent à la maison, la chimie sert beaucoup pour la composition du vin.

— Oui, des vins frelatés; et ceux-là sont des plus malfaisans.

— Un ami de papa, dit Hypolite, nous a assuré un jour qu'il pourrait imiter tous les vins fins ou de liqueur, sans employer une seule grappe de raisin.

— C'est ce que font bien des marchands, reprit M. Delmont; mais c'est aussi ce dont ils n'ont garde de se vanter..... Laissons-là les compositions chimiques, si vous m'en croyez, et revenons au vin naturel, au vin blanc de Champagne fait avec du raisin noir. C'est de grand matin, et lorsqu'il est encore tout couvert de rosée, qu'on recueille le raisin ; les femmes sont particulièrement chargées de cette récolte, qui exige beaucoup de soins délicats puisqu'il faut conserver aux grappes toute leur fraîcheur, et prendre garde d'enlever cette teinte azurée dont les grains sont revêtus, et qu'on appelle *la fleur*. Si le soleil est fort, on ne vendange que jusqu'à dix ou onze heures, et l'on étend sur les paniers, où chaque grappe a été déposée l'une après l'autre avec précaution, des toiles mouillées; de la sorte on évite l'effet des rayons du soleil qui échaufferaient le raisin, et alors la liqueur qu'on en retirerait ne serait point parfaitement sans couleur. La vendange faite, elle est transportée, en évitant les secousses, jusqu'au pressoir, et sans retard on donne ce qu'on appelle la première *presse*; ce vin est nommé *vin de goutte*, c'est ce qu'il y a de plus fin, de meilleur; celui de *retrousse*, ou de la seconde serre, est également blanc, mais moins délicat, et on ne le mêle au vin de goutte que dans les années où le fruit n'ayant pu bien mûrir, donne peu de jus. Vient ensuite le vin de première, de seconde, de troisième *taille*, ainsi nommé parce qu'on taille carrément, avec une bêche tranchante, les extrémités de la masse formée par le raisin à moitié écrasé, pour les réunir de nouveau sous le pressoir.

— Mais les vins *de taille*, dit Hypolite, sont colorés ?

— Oui, mon ami; plus ou moins, et vous en devinez aisément la raison ?

— Oh! oui, Monsieur. J'ai souvent remarqué, en mangeant du raisin et des prunes violettes, que la peau seule est colorée...

— Il en est de même des cerises, dit Alphonse.

— Eh! bien, c'est en pressant

fortement cette peau, qu'on donne de la couleur au vin; mais lorsqu'on veut l'avoir *haut en couleur*, on vendange à l'ardeur du soleil; puis le raisin, bien préparé par la chaleur dont il est pénétré à donner toute sa couleur, est porté d'abord dans des cuves où il est foulé...

— Oui, avec les pieds, dit Hypolite.

— On le laisse en cet état un jour ou deux, ensuite on le pressure; les parties colorantes se détachent alors, se mêlent au jus, et l'on a du vin rouge.

— M. Delmont, dit Alphonse, que fait-on de tout ce marc? On le jette, sans doute?

— Non, mon ami. En quelques pays on s'en sert comme d'engrais pour les terres; dans d'autres contrées, en Italie, par exemple, on retire de cette masse solide et dure comme une pierre, quand elle a subi la dernière presse, les pepins ou semences du raisin, pour en extraire de l'huile.

— Mais, dit Hypolite, ce ne doit pas être une chose facile, puisque ce marc est si dur !

— Et puis, dit Alphonse, voilà un joli amusement que de les retirer grain à grain !

— Aussi, reprit M. Delmont, n'est-ce pas de la sorte qu'on s'y prend. Le marc, coupé par morceaux, est jeté dans des baquets remplis d'eau; après l'avoir laissé tremper une demi-journée, on remue le tout avec les mains, opération répétée plusieurs fois. La peau du raisin, devenue mince comme du papier par l'effet de la pression, surnage, tandis que les pepins vont au fond de l'eau. On recueille d'abord le marc qu'on fait sécher une seconde fois, et qui sert de nourriture aux pigeons pendant l'hiver; puis on recueille les pepins, on les fait également sécher au soleil très promptement, on les passe au crible, ensuite on les presse sous la meule à broyer le froment, une autre fois sous la meule plus forte avec laquelle on écrase le colsa, la graine de chanvre, et cette farine, mise dans une chaudière avec de l'eau, se change en une pâte très molle qu'on fait cuire lentement, en ayant soin de la remuer constamment. Dès que la surface de cette pâte devient brillante, on la porte au pressoir : l'eau et l'huile coulent en même temps, mais l'huile surnageant, il est facile de la recueillir. Les paysans, dans le Parmesan, en font le même usage que nous de l'huile d'olive; ils la brûlent aussi, et elle ne répand aucune odeur.

— Comme cela, s'écria Alphonse, rien n'est perdu !

— M. Delmont, dit Hypolite, auriez-vous la complaisance de m'expliquer ce que c'est que de *coller* le vin ?

— Volontiers, mon ami. Mais il me semble que vous avez vu faire plus d'une fois cette opération chez votre papa ?

— Sûrement, Monsieur; tantôt on emploie de la colle de poisson, tantôt des œufs; mais je n'ai jamais pu comprendre l'effet qu'on veut produire par-là.

— Vous allez, mon cher Hypolite, le comprendre à l'instant. Après avoir laissé le vin fermenter, on le tire *à clair ;* c'est-à-dire, qu'à l'aide d'un tuyau de cuir, on le fait passer de la cuve dans des tonneaux bien nets. Les vins communs ont bien plus de *lie* ou forment bien plus de dépôt que les vins fins ; mais ceux-ci, avec quelque soin qu'ils aient été faits, n'ont pas moins besoin que les vins communs, de subir l'opération du collage avant d'être mis en bouteille. Ainsi que vous l'avez remarqué, on se sert d'œufs ou de colle de poisson pour cet usage; la colle de poisson, fondue dans une pinte de ce même vin qu'on veut coller, est jetée dans la barrique; on agite bien la liqueur avec un bâton, puis on laisse reposer le tout pendant quelques jours. Voici l'effet que produisent les œufs ou la colle de poisson : l'un ou l'autre forment une espèce de réseau qui, après avoir enveloppé la masse du vin, se précipite peu à peu au fond de la barrique, et entraîne avec lui les impuretés, les parties grasses que le jeu du pressoir a pu développer, et le vin une fois collé, acquiert une transparence qu'il n'obtiendrait pas sans l'emploi de ce procédé bien simple, comme vous voyez.

— M. Delmont, dit Alphonse, il n'y a, n'est-ce pas, que le vin de Champagne qui soit mousseux ?

— Tous les vins de Champagne ne moussent pas, répondit le précepteur; mais on peut à son gré rendre mousseux tous les vins, soit en recourant à la chimie, soit en les mettant en bouteille au mois d'août, époque où l'air agit sur le jus produit par le fruit de la vigne, tandis que la sève fermente dans le bois de celle-ci; mais les connaisseurs font peu de cas de cette qualité mousseuse, qui peut appartenir aussi aisément au vin nouveau qu'au vin vieux.

— Ce n'est pas de même pour la bière et pour le cidre, dit Hypolite; pour moi, je ne les trouve bons que lorsque le bouchon saute de lui-même...

— Oui, s'écria Alphonse, et les bouteilles aussi !

— Elles ne sautent pas, repartit Hypolite, pourvu qu'on ait soin de les laisser debout... A propos de cela, pourquoi donc, M. Delmont, faut-il toujours coucher les bouteilles de vin ?

— Mon ami, répondit le précepteur, le liége, dont on a fait les bouchons à la propriété, comme tous les autres bois, de se resserrer quand il se dessèche; par conséquent ces bouchons, qu'on a fait entrer de force dans les gouleaux, finiraient par devenir trop petits si l'on n'avait pas le soin de leur fournir de l'humidité en couchant les bouteilles de façon à ce qu'ils trempent dans la liqueur qu'elles contiennent.

— Je comprends dit Alphonse : comme cela les bouchons demeurant toujours gonflés au même point, le vin ne peut ni couler ni s'évaporer.

— Ni se charger d'une espèce de champignons, reprit M. Delmont, qu'on appelle improprement des fleurs...

— Ou des *gendarmes*, s'écria Hypolite.

— Des gendarmes, si vous voulez, répliqua le précepteur; ce nom en vaut bien un autre.

— Qu'est-ce que c'est, demanda Alphonse, que le vin qu'on appelle *de retour* ?

— Le vin de retour, mon ami, c'est celui qu'on a fait voyager par mer. On en prend sur les vaisseaux en guise de lest, et on le conduit aux Indes, en Chine, pour le ramener ensuite dans le pays d'où on l'a tiré. Le roulis du vaisseau, la chaleur à laquelle il est continuellement exposé à fond de cale, en passant et repassant sous la Ligne, le mûrit et lui donne une qualité bien supérieure ; mais tous les vins ne sont pas propres à subir cette rude épreuve ; il en est qu'on ne peut garder long-temps.

— Qu'entend-on, Monsieur, je vous prie, par le *lest* d'un vaisseau ?

— On entend, mon cher Alphonse, les tonneaux, les caisses remplis de cailloux ou de pierres qu'on place à fond de cale pour le tenir en équilibre...

— Ah ! je comprends maintenant ce que veut dire cette phrase qu'on trouve souvent dans les histoires de voyage : *Le capitaine fut obligé de faire jeter à la mer une partie de son lest;* cela signifie qu'il fallut alléger le vaisseau pour qu'il pût marcher plus vite... Et ainsi, pour revenir au vin *de retour*, on prend des barriques pleines de vin, en place de barriques pleines de cailloux, pour servir de lest ?..Cela n'est pas mal imaginé !

— Non, sans doute, s'écria Hypolite ; parce qu'alors, au lieu de jeter le lest à la mer en cas de besoin, on peut régaler l'équipage en lui permettant de vider les tonneaux.

— Et c'est justement ce qu'on ne permet pas, reprit M. Delmont. Lorsqu'un capitaine est réduit à jeter à la mer une partie de son lest, c'est que le vaisseau est en danger de manière ou d'autre ; et la prudence veut qu'il conserve la raison à son équipage, au lieu de contribuer à la lui faire perdre.

— C'est vrai, repartit Alphonse. Comme dit mon père, l'usage du vin, pris en petite quantité, ranime les forces, donne du ton et fait beaucoup de bien ; mais l'abus de cette liqueur, comme de toute autre, rabaisse l'homme au-dessous de la brute.

— Il y aurait, dit Hypolite, une belle nomenclature à faire de tous les vins que produit la France.

— Et les vins étrangers ! s'écria Alphonse. L'Espagne, le Portugal, les îles, en fournissent une belle quantité aux amateurs...

— Et l'Italie ? Te souviens-tu comme les Latins ont chanté le vin de Salerne !

— Et ceux de Chypre !..

— Oui, généralement les vins de la Grèce.

— Mais en revanche on ne parle pas de ceux de la Germanie !

— Pour cela si ; tu oublies donc le fameux vin du Rhin, et cette grande cuve où on le conserve à Hambourg depuis des siècles !

— C'est-à-dire où on remplace par du vin nouveau, le vin prétendu vieux qu'on vend si cher, et comme par grâce...

— Et comme remède. Je le trouve bien aigre, bien dur et

bien sec ; c'est, à mon avis, une véritable médecine.

— C'est que votre palais, mon cher Hypolite, reprit M. Delmont, n'est pas fait encore aux différentes saveurs qui appartiennent à chaque sorte de vin, et les font reconnaître et classer à leur véritable rang par les dégustateurs.

— Et l'esprit-de-vin, M. Delmont, qu'est-ce que c'est ?

— Le nom seul vous le dit assez, mon cher Alphonse. On entend par *esprit*, l'essence, quintessence, qu'à l'aide de la distillation on retire des liqueurs fermentées. Avec l'esprit-de-vin on fait de l'eau-de-vie; dans l'esprit-de-vin on conserve les animaux singuliers qu'on ne saurait empailler...

— Et dans le vinaigre, s'écria Hypolite, on conserve les cornichons, ce qui vaut mieux, à mon avis, que tous les animaux du monde.

— C'est que tu es gourmand, dit Alphonse, et plus occupé de ce qui regarde la table que de l'histoire naturelle.

— Justement, et c'est pour cela que je demanderai à M. Delmont si c'est une chose bien difficile que de faire de ces bons raisins secs qui figurent au dessert beaucoup trop rarement à mon gré ?

— Il y a plusieurs manières de s'y prendre, répondit M. Delmont. Dans le midi on attache avec un fil les grappes deux à deux, après les avoir débarrassées des grains gâtés, et en ayant soin de choisir celles qui ne sont pas trop serrées, puis on les trempe dans de l'eau bouillante mêlée d'huile d'olive, et on les y laisse jusqu'à ce que la peau se ride légèrement; ensuite on les place sur des perches, et au bout de trois ou quatre jours on les expose au soleil jusqu'à ce qu'elles soient parfaitement sèches; ou bien encore on les fait sécher au four. Mais je préfère, aux raisins secs, ceux que l'on conserve dans du son; ils sont secs également, et cependant on peut leur rendre leur fraîcheur et leur saveur en faisant tremper le bout de la tige dans de l'esprit-de-vin, ou dans du vin rouge ou blanc, suivant la couleur du raisin.

— Voilà qui est singulier! dit Alphonse.

— En Russie, ajouta M. Delmont, on conserve le fruit d'une autre manière, et l'on trouve le secret d'avoir des groseilles fraîches jusque dans le cœur de l'hiver.

— Et comment cela! demanda Hypolite.

— On fait fondre de la cire, dans laquelle on trempe une grappe de groseille par exemple; puis on la retire, et on la laisse sécher en la suspendant à un fil : la cire forme une légère enveloppe à chaque grain, et cette enveloppe suffisant pour le défendre des injures de l'air, le fruit conserve toute sa fraîcheur.

— Mais quand on veut manger les groseilles, Monsieur, on mange aussi la cire?

— Pas du tout. Il suffit, pour en débarrasser les groseilles, le raisin, les pommes ou les poires, de les plonger dans de l'eau chaude qui enlève la cire à l'instant...

— Mais ce n'est pas de la cire à cacheter ?

— Ah ! Hypolite, dit Alphonse, comment peut-tu faire cette question ! Ne vois-tu pas bien que ce doit être de la cire blanche ou de la cire vierge ?

— La cire vierge, dit M. Delmont, c'est la cire jaune ; c'est de la cire telle qu'on la trouve dans les ruches, encore parfumé de tous les aromates qui ont servi à sa composition comme à celle du miel. La cire blanche, c'est la cire à laquelle on a fait subir plusieurs opérations chimiques pour lui ôter et son parfum et sa couleur.

— Monsieur, dit Hypolite, est-ce qu'on ne conserve pas aussi le fruit dans des bouteilles ?

— Oui, et de deux manières : la première en faisant bouillir ces bouteilles hermétiquement bouchées...

— C'est la méthode de M. Appert, dit Alphonse.

— La seconde, ajouta M. Delmont, en faisant entrer une grappe de raisin ou bien une poire, lorsqu'elles sont encore bien loin d'avoir acquis toute leur croissance, dans des bouteilles de verre blanc, qu'on attache solidement à la branche à laquelle tient le fruit. Il grossit, mûrit et se conserve ensuite fort long-temps, parce qu'il se trouve à l'abri des attaques des insectes et de la pluie : il acquiert même par ce moyen une grosseur et une saveur exquises.

— J'essaierai l'année prochaine, dit Hypolite, de mettre ainsi des poires, des figues en bouteille......

— Et du raisin aussi, reprit Alphonse. Pourtant il se conserve bien dans les sacs de crins.

— Mais il ne se colore pas, dit M. Delmont. Les fruits, comme les plantes et les fleurs, ont besoin, pour prendre de la couleur, d'air et surtout de lumière...

— Et d'humidité aussi, n'est-ce pas Monsieur?

— Oui, mon cher Alphonse. On a même imaginé, pour suppléer à l'effet de la rosée pour colorer le raisin, de l'arroser pendant que le soleil l'échauffe de ses rayons ardens : de cette manière on attendrit la peau, et on lui donne une belle couleur d'ambre qui réjouit la vue.

— Monsieur, demanda Hypolite, est-ce qu'il vient réellement de Corinthe ce raisin tout petit, tout petit qu'on met dans les gâteaux que ma tante nous envoie quelquefois de Strasbourg?

— Depuis bien des années, mon ami, on n'en cultive plus à Corinthe, qui en faisait autrefois un commerce considérable; c'est dans les îles de Zacinthe et de Céphalonie, qu'on le recueille maintenant. Après l'avoir fait sécher au soleil, on l'entasse dans des magasins où l'on ne peut entrer que par le haut du toit; les grappes se pressant par l'effet de leur propre poids, forment bientôt une masse tellement solide, qu'il faut employer des espèces de pioches pour la diviser. On enferme ensuite ce raisin dans des tonneaux où on le foule avec les pieds afin qu'il en entre davantage, puis on ferme bien les tonneaux, et on les envoie en Europe. Dans le Nord on fait une grande consommation de raisin de Corinthe ; il entre dans presque toutes les pâtisseries, particulièrement chez les Anglais et chez les Hollandais, également amateurs de puddings. Mais nous voici arrivés à la maison ; nous allons à présent nous occuper de choses plus intéressantes et plus sérieuses en même temps...

— Oh ! plus sérieuses, oui ! s'écria vivement Hypolite ; mais plus intéressantes.... pour ça non !

— A l'entendre, dit Alphonse, on te prendrait pour un buveur et pour un gourmand !

— Sans être ni buveur ni gourmand, repartit Hypolite, on peut être curieux de savoir comment se font et d'où nous viennent les bonnes choses qui couvrent une table bien servie.

— Hypolite a raison, reprit M. Delmont. La curiosité, quand elle a pour but l'instruction, est toujours louable ; et il est toujours intéressant de s'enquérir des procédés de fabrication dont les résultats servent à augmenter l'aisance des nations, et fournissent des moyens d'existence à une foule de familles réduites à travailler pour multiplier les jouissances du riche, tandis que pour elles l'existence ne se compose que de privations.

— » Si l'on songeait davantage à cela, dit Alphonse, et si ceux qui ont de la fortune se réunissaient pour soulager les malheureux, il n'y aurait pas autant de misère : n'est-il pas vrai, M. Delmont?

— » Non, sans doute, et l'on verrait moins de pauvres gens chercher, dans une ivresse momentanée, l'oubli de leurs chagrins; chagrins que l'inconduite change bientôt en des maux irréparables. »

FIN.

LA FAMILLE
DE VILLEBLANCHE.

TABLE

DES CHAPITRES CONTENUS DANS CE VOLUME.

Imprimerie de E. CHAIGNET, à Rambouillet.

www.ingramcontent.com/pod-product-compliance
Ingram Content Group UK Ltd.
Pitfield, Milton Keynes, MK11 3LW, UK
UKHW020246180726
13839UKWH00001B/205